景观设计丛书

Campus Landscape

校园景观

——功能·形式·实例

Functions, Forms, Features

[美] 理查德·P. 多贝尔 著

北京城市节奏科技发展有限公司 中文版策划

北京世纪英闻翻译有限公司 译

中国水利水电出版社
www.waterpub.com.cn
知识产权出版社
www.cnipr.com

内容提要

校园景观既是高等教育实施的场所，也是高等院校的标志。本书以经典的和当代的校园景观实例为校园景观的规划和设计的各个层面提供了信息、建议和指导，是一本综合性的校园景观设计研究的参考书。

本书从校园景观设计的决定因素和设计分类两方面，研究分析了校园景观的恢复、更新和兴建，同时也对当今和未来的校园景观规划、设计提供了统一的、有效的评估模式。书中引用了170余幅图片和照片，通过详尽的分析为校园景观提出了指导方案。

本书可供景观建筑师、景观专业师生参考。

选题策划：阳　淼　张宝林　E-mail：yangsanshui@vip.sina.com；z_baolin@263.net

责任编辑：阳　淼　张宝林

文字编辑：丁　丁

版权登记号：01-2003-7600

图书在版编目（CIP）数据

校园景观：功能·形式·实例/（美）多贝尔著；北京世纪英闻翻译有限公司译.—北京：中国水利水电出版社：知识产权出版社，2005（2007重印）

（景观设计丛书）

书名原文：Campus Landscape：Functions，Forms，Features

ISBN 978-7-5084-2527-6

Ⅰ.校… Ⅱ.①多…②北… Ⅲ.高等学校—校园—景观—环境设计 Ⅳ.TU984.14

中国版本图书馆CIP数据核字（2004）第123163号

景观设计丛书

校园景观——功能·形式·实例

［美］理查德·P. 多贝尔　著

北京城市节奏科技发展有限公司　中文版策划

北京世纪英闻翻译有限公司　译

中国水利水电出版社　知识产权出版社　出版　发行（北京市西城区三里河路6号；电话：010-68331835　68357319　北京市海淀区马甸南村1号；电话、传真：010-82000893）

北京科水图书销售中心（零售）　电话：(010) 88383994、63202643

全国各地新华书店和相关出版物销售网点经销

北京市兴怀印刷厂印刷

787mm×1092mm　16开　16.5印张　269千字

2006年4月第1版　2007年5月第2次印刷

定价：**35.00**元

ISBN 978-7-5084-2527-6

献给凯文、菲比和迈克尔

不列颠哥伦比亚大学

大学建筑师提供

校园景观

校园景观是多种因素重叠交错的设计艺术。景观设计的多彩多姿及其视觉效果可从康奈尔大学（Cornell University）和不列颠哥伦比亚大学（University of British Columbia）的校园景观得到证实。这两所大学的校园景观设计都享有盛名。在康奈尔大学，人行道环行网络的交叉点被设计成为一个人们轻松聚会的地点，从那里放眼望去，可看到卡尤加湖（Lake Cayuga）的景色。在不列颠哥伦比亚大学，一个小型花园位于校园主要步行道附近，有石墙环绕，石墙是用地区性大学传统建筑材料建造而成的。这种设计与20世纪末所建图书馆的正立面形成了鲜明比照，给人以强烈的视觉感受，并且给人留下美好的回忆。

康奈尔大学

©查尔斯·哈林顿（Charles Harrington）/康奈尔大学；美国景观建筑师协会(ASLA)约翰·乌勒贝里提供

目 录

资料和致谢

我对校园景观的兴趣源于童年在费城的经历——在富兰克林公园（Franklin Park）游玩，小学时沿着本杰明 · 富兰克林林阴大道（Benjamin Franklin Parkway）去博物馆，并参观了宾夕法尼亚大学（University of Pennsylvania）的校园。在布鲁克林学院（Brooklyn College）接受的城市设计课程和在哈佛大学设计研究生院（Graduate School of Design,Harvard University）接受的专业训练则进一步奠定了我从事该项研究工作的基础，开扩了我的视野。专业训练包括与景观学教授佐佐木秀夫共同研究的一个课题，及后来在他指导下接受的专业实践。40年之后，我从事的校园规划与设计实践提供了重要机遇，使我得以致力于将景观发展成为校园建设必不可少的内容。这本书融入了多年积累的想法、理念、信息，供所有崇尚该艺术的读者参考。

我认为现在提倡校园景观设计是非常适时的。在21世纪文化当中，校园将占据中心位置，而绿色将成为大学的标志。被认可的校园设计还将用于采用高等院校建筑形式的其他地方。据我了解，市面上还没有广泛涉及到校园景观的书籍。在我以前出版的书中，也曾探讨过有关方面的内容，如《校园规划》（Campus Planning）、《校园设计》（Campus Design）和《校园建筑》（Campus Architecture），它们都是1999年秋季出版的。保罗 · V.特纳（Paul V.Turner）对校园发展方面最好的概述当属《校园》（Campus）（剑桥，1984年）。艾拉 · 芬克（Ira Fink）撰写的书籍涉及设施规划与设计方面的重要内容，现已由高等院校规划协会（Society for College and University Planning）出版。该协会还出版了乔治 · 凯勒（George Keller）的《高等院校最佳规划》（The Best Planning for Higher Education）概要。《当代景观美化探求项目》（Contemporary Landscape Inquiry Project）是一个很有价值的资料，可以引用，它由多伦多大学（University of Toronto）组稿，介绍了景观设计历史、当代潮流和趋势，可在网上查询，但不能索引到某个大学。

在此书筹划编写阶段，使用了专业实践、报告和会议、非正式研究中的资料，书中引用部分和图表都出自于这些资料。近几十年来,我一直对可以进入弗朗西斯·洛布图书馆（Francis Loeb Library）感到荣幸。在哈佛大学设计研究生院，几代图书馆管理员指导过我在宝贵的藏书中查询有关资料，这些资料又帮助我回忆起曾经阅读过和反复思考过的相关文章和文件。

这本书中的图片是报道性质的，而不是艺术品。它们有助于图解文字。注释的地方指出了一些景观模式，这些模式对于校园景观设计具有参考价值。书中大部分图片是作者在课题研究或独立研究中收集或拍摄的。尽管色彩和专业摄像技术可能会提高文字效果，形象化解释说明性文字，但是对于该类参考性书籍来说，这些成本都是很高的。我也特别感谢卡伦·伯克托尔德、罗杰·杜图瓦、佩里·查普曼（佐佐木）、基斯·A.科维（卡尔顿学院），桑迪·德伊莱亚（EDAW），帕特里克·威廉·多贝尔、劳伦斯·J.多贝尔、伽勒特·埃克博、劳伦斯·H.法博、迈克尔·格雷夫斯、胡佛和德斯蒙德、凯特·黑斯廷斯（黑斯廷斯+奇威塔）、特鲁迪·海内克（加利福尼亚大学，默塞德分校）、A.C.马丁、克林顿·N.休伊特（明尼苏达大学）、斯蒂芬·霍尔、弗雷德里克·W.迈耶（密歇根大学）、乔治·巴顿、理查德·瑞特尼克（JJR）、O.罗伯特.西姆哈（麻省理工学院）、帕姆·斯图尔特（华盛顿大学）、约翰·乌勒贝里（康奈尔大学）、迈克尔·范瓦尔肯堡,菲尔·威廉姆斯（斯坦福大学）和卡罗尔·L.伍滕（布朗大学）[Karen Berchtold,Roger du Toit, Perry Chapman(Sasaki), Keith A. Covey (Carleton College), Sandy D’Elia (EDAW), Patrick William Dober, Lawrence J. Dober, Garrett Eckbo, Lawrence H. Fauber, Michael Graves, Hoover and Desmond, Kate Hastings (Hastings+Chivetta), Trudis Heinecke (University of California, Merced), A. C. Martin, Clinton N. Hewitt (University of Minnesota), Stephen Holl, Frederick W. Mayer (University of Michigan), George Patton, Richard Rigternik (JJR), O. Robert Simha(Massachusetts Institute of Technology), Pam Stewart(University of Washington), John Ullberg (Cornell University), Michael Van Valkenburgh, Phil Williams (Stanford University), and Carol L. Wooten(Brown University)]。他们满怀真诚地为我提供了书中多幅插图。第126、54、29、112页上的照片是已故的休·卡森先生、巴兹尔·斯彭斯爵士和乔治·巴顿（Hugh Casson,Sir Basil Spence, and George Patton）赠送给我的，并且在几十年前就允许我发表了，我非常欣赏他们的构图技巧，也深深怀念我们之间的友谊。

约翰·威利父子公司，编辑玛格丽特·卡明斯，社论和进口项目协调员吉姆·哈珀（Jim Harper），副编辑爱琳·G.切蒂（EileenG. Chetti），撰稿编辑休·沃尔高（Sue Warga）给予我关于稿件准备各方面的指导。我感谢劳拉 · 阿尔维斯、卡尔弗特 · W. 奥德兰、多萝西 · 阿特伍德、玛莉 · 布什 - 布朗、查尔斯 · A. 克雷格、克莱尔 · B.达纳赫、小威廉 · J.达纳赫、帕特里克 · 李.多贝尔、让 · 道、约翰 · 弗朗、查尔斯 · W.哈里斯、安迪 · 吉莱斯皮、纳塔涅尔 · 戈勒姆、玛丽 · 安 · 希尔、阿尔维德 · 克莱因、埃米 · 兰伯特、洛里 · 劳伦斯、阿瑟 · 利茨盖、乔治 · 马太、多里 · 莫托拉(Laura Alves,Calvert W.Audrain,Dorothy Atwood,Mary Bush-Brown,Charles A.Craig,Claire B.Danaher,the Reverend William J.Danaher Jr.,Patrick Lee Dober,Jean Dow,John Furlong,Charles W.Harris,Andy Gillespie,Nathaniel Gorham, Mary Ann Hill,Arvid Klein,Amy Lambert,Lorie Lawrence, Arthur Lidsky, George Mathey, Dori Mottola),以及所有参加我的工作组和校园设计说明会的人们，感谢他们给予我的鼓励和后勤帮助。他们的问题和意见使我的观点更为成熟，给我当前的工作注入了新的活力。当然，本书中的错误和忽略部分均由本人负责。

特别感谢我的兄弟劳伦斯 · J.多贝尔，1998～1999 年在美国西南部和中部两次长时间校园景观游览中给我充当驾驶员和观测员。我的妻子，李（Lee），在 1999 年夏也担当了同样的工作，我们参观了得克萨斯和俄克拉何马两个州的几十个学院，并在潘汉德尔度过了难忘的一周，那里白天室外会超过 110° F（约 43℃）。李的奉献、建议和支持激励我完成了似乎难以完成的著作。

理查德 · P. 多贝尔，AICP
剑桥，马萨诸塞

导言

▶ "……基础信息源于基础定律……"，[艾米莉·迪金森（Emily Dickinson），1295 年诗]

▶ 尽管美国校园沿袭了几个世纪，但是它在形式上还是发生了重大变化，不仅反映在建筑规划方面，也反映在教育原理和社会准则的变更上。[保罗·V.特纳，《校园》（剑桥，1984 年）]

▶ 俄克拉何马大学（University of Oklahoma）诺曼校园已成为观光地。新建和改建的设施、喷泉和雕塑作品都是人们向往的景观。过去曾经是大学购物者的天堂，如今已成为旅游者和观光者徜徉观赏的去处，我们为有这样的校园景观感到欣慰和自豪。（Sooner 杂志，1998 年春）

本书提供了关于规划和设计大学校园绿色环境方面的信息、观点和指导。大学校园的绿色环境服务于高等教育，是高等教育的象征。

本书提供了关于规划和设计大学校园绿色环境方面的信息、观点和指导。大学校园的绿色环境服务于高等教育，是高等教育的象征。本书的论述方法和所涵盖的内容是全面的。书中文字和图表都围绕国内外大学展开，介绍它们的风格、特色、大小、地理位置、历史和布局。作为本书的导言，以下一系列图片展示的是一些尚未被人们所充分理解，有些甚至被低估，但却十分多彩多姿的艺术形式。所选用的图片能够诠释全书的主题。因此，传统的方形场地与现代室内景观形成鲜明对比——21世纪的校园景观应该既保留古老杰作又在新建筑物内增添绿色植被。当代大学学院建筑，视觉上给人一种干枯的感觉，与波光粼粼、绿树成阴的空间形成鲜明对比。对无论是否游览过校园风景的人来说，学生们漫步于校园中的毕业照可使他们经常回忆起曾经漫步的校园小道，感受特殊的美学效果。停车场及周围景色的那幅照片，体现了学院对高质量校园设计的重视，即使是实用型的设施也不例外，并且通过令人信服的说明，对这种工作加以勉励。

传统四方形场地——芝加哥大学

草坪、树和步行道构成了传统的校园外部环境，是大学和学院所特有的校园景观之一。 卡夫曼（Kaufmann）和范瑞（Fabry）摄影；芝加哥大学（University of Chicago）提供

设计分类和设计决定因素

传统上，人们所见到的校园景观就是在绿地上建造楼房，或者将建筑设计理念落实在开阔场地上并加些装饰。通常，毕业日或者其他难忘的、值得纪念的校园事件需要大自然的美衬托的时候，高度热忱的园艺工会临时挑选、布置、搭建景观材料。在原有基础上升华是好莱坞摄像师乔治·赫里尔的设计理念的另一种解释，“展现最好的，掩饰最差的，留出想象空间”这也是校园景观应达到的目标，是主要的，但不是唯一的。

我们将进一步解释校园景观产生的效应。正如我们所说的，我们需要从多方面、多角度预见校园景观可能出现的问题。更多更好的景观且能达到预期可知的、有价值的效果，是我们追求的明确目

室内景观——伊利诺伊韦斯利安大学（Illinois Wesleyan University），1999 年

一个全面的景观设计应留出足够的内部空间，栽种一些绿色植被，以便吸引人们参加各种校园活动。 斯考特·麦克唐那（Scott McDonald）摄影；黑斯廷斯 + 奇威塔提供

校园开阔地——新墨西哥州立大学（New Mexico State University）

并不是所有的校园景观都是绿色的。这里，设计者运用铺路石和地质标本构造了一个引人注目的局部设计。这里通往一栋工程楼。R.P.多贝尔摄影

标。更多校园景观的运用将提升高等院校的形象和价值，大学和学院就能更有优势来吸引和留住教职工和学生，推进教育和研究项目，扩大毕业生和校友的资金筹集援助，展示环境设计的原则和理念，扩充现有艺术品，巩固校园作为一个社区设计所具有的价值。

在讲解过程中，我们将介绍增加校园景观数量、种类以及产生视觉效果的方式方法，进一步介绍景观建筑师的生活和作品。在有关校园设计和发展的论述中，他们的贡献都被低估或是忽略了。我们将证实一个不可否认的观点：当今的校园如同中世纪大教堂的管辖区，文艺复兴时期的宫殿和市中心，商业和城市化时代的铁路站和商业中心区。如果按上述定义来认识和评价的话，一个校园如果只有很少量的景观，那么该校园是不完整的、未充分发展的、不健全的。

那么如何纠正缺陷、扩大数量、保护和提高稀有景观？对规划者和设计者、大学和学院管理者、职工和赞助者，以及所有关心校园环境的人们，我们向他们介绍一种分类方法，也就是30个具体的校园景观模式，分别罗列在下面将提到的校园景观矩阵上。分类中的每一种形式都有可感知的特征，设计因素决定和影响这些特征。我们确定了13个因素及有影响力的条件，包括景观三要素：气候、

更多校园景观的运用将提升高等院校的形象和价值。

水景——加利福尼亚大学，圣迭戈分校（San Diego）

有创意的设计：水从绿色草坪中顺坡飞流而下，这种反差给人一种身临其境的感觉。R.P.多贝尔摄影

地形地势、土地面积和结构。还包括风格，项目指导，委托人预算，设计者的知识、经验和创造性。由于上述因素的相互作用，景观功能决定了其形式，设计因素影响形式。通过专业性的规划和设计，确定的景观外在特征使得其形式别具特色。

校园步行道——三一学院（Trinity College），康涅狄格（Connecticut）

环行道路能为具有纪念意义的景观设计提供多种便利条件。 三一学院摄影，哈特福德，康涅狄格

停车场地及其周边环境——俄克拉何马大学

一个实用结构的设计突出展现了校园景观的价值。 R.P.多贝尔摄影

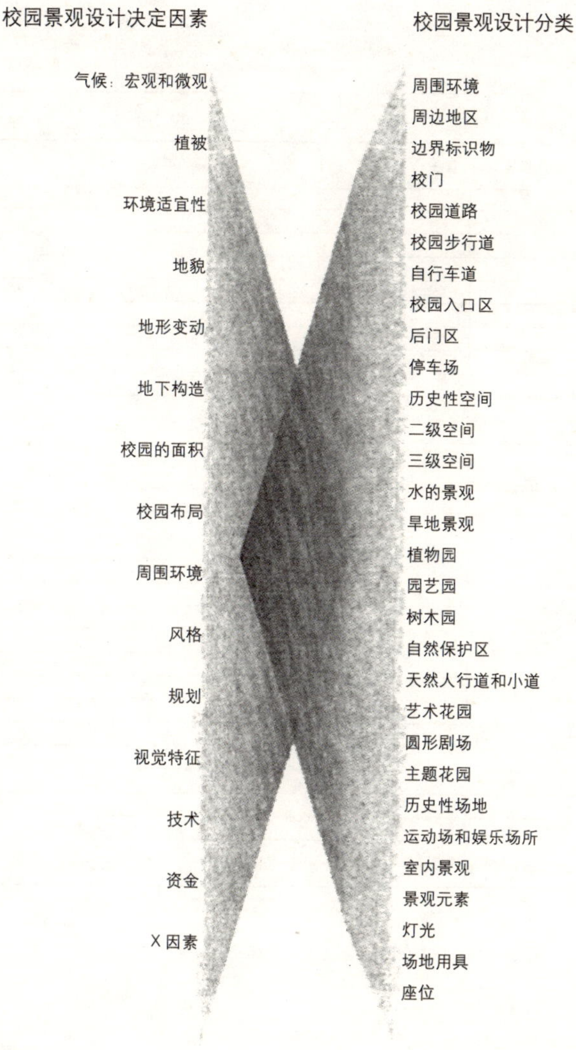

影响图表——设计决定因素和设计分类要素

对设计决定因素逐条列记，校园景观要素罗列在分类项目中。该图表显示前者影响后者。不同的位置和状况，会使景观的形式和面貌各具特色。　多贝尔-利茨盖-克雷格联合股份有限公司提供

该种分类方法是实用性的，而不是理论性的。我们有意混合这些因素。很明显，其中有些要素重复且相互加强。例如，校门标明了界限，后者作为范围界定景观。我们的目标是挑选从功能上和审美角度上易于表达的要素作为设计形式，证实它们对总体校园景观所特有的作用。

校园景观设计分类
范例大学
评价矩阵

	原有状况	采取措施	备注
周围环境			
周边地区			
边界标识物			
校门			
校园道路			
校园步行道			
自行车道			
校园入口区			
后门区			
停车场			
历史性空间			
二级空间			
三级空间			
水的景观			
旱地景观			
植物园			
园艺园			
树木园			
自然保护区			
天然人行道和小道			
艺术花园			
圆形剧场			
主题花园			
历史性场地			
运动场和娱乐场所			
室内景观			
景观元素			
灯光			
场地用具			
座位			

原有状况：

+ = 好
− = 差或无
o = 满意

采取措施：

1 = 添加
2 = 延伸
3 = 改进
4 = 保留
5 = 移走
6 = 其他

如何使用矩阵——范例大学

在确定和评价校园景观时，该图表说明了矩阵的使用方法。

栏1列出了本书所阐述的分类要素。在某些情况下，结合学院的具体情况规划设计者可能需要改变行列的顺序或要素的名字，以便便捷地描述和传达信息、名字和当地自然风景的特色。例如：如果主要的校园景观是方形大场地（我们将其定为“历史性空间”），那么这个名字要比“历史性空间”使用方便。

栏2罗列了评价结果，有三个评价等级（好，差或无，满意）一般来讲，这种评价方法是客观的，且有照片和相关模型做注释。评价方法可以更为精细化，以数字表示。例如：用1～10评价这30项——衡量其价值和重要程度——得分相加，最大得分300，就是整个校园景观的理想值。若低于这个数值，表明校园景观在某种程度上存在缺陷。则在表格上对单个项目进行调整。

至于措施（栏3），我们在注释中列了六项：添加、延伸、改进、保留、移走和其他。后者主要为特殊因素和特别考虑留出空间。该矩阵应结合当地的具体情况和策略加以应用。

栏4用于备注，可指导读者查阅详细资料或重点突出关键性问题。

多贝尔-利茨盖-克雷格联合股份有限公司提供

建筑物及其庭院与绿地融合，令人赏心悦目，并且可以突出鲜明的地方特色。

在实际应用方面，校园景观矩阵可用于引导重点设计过程。在已建成的景观中安排、增加、改善现有景观要素时，此矩阵可以作为项目清单使用。规划设计者勘测校园，确认已有的分类要素，评估它们的质量对总体设计的作用并采取相应措施。在设计新校园或校园的局部时，规划设计者可将矩阵作为索引以便定位、设计和搭建适宜的景观。

其他应用方面

我们也注意到"校园"这个词越来越多地用于称呼和推介某种新建社区，这些社区都建在风景如画的具有高等学府特征的环境中。建筑物及其庭院与绿地融合，令人赏心悦目，并且可以突出鲜明的地方特色，在增强不同建筑物之间的协调感方面富有成效。例如，研究中心、医疗中心、为计算机和生物技术工业服务的办公与生产联合体、退休人员社区、表演艺术中心、老人和退休人员休养所、机关楼和寄宿学校。因此，以下具有代表性的例子可用于规划和设计任何较大地区。将大学和学院认定的价值和外观加以修改，更合理地应用到这些社区。在这样的环境里，建筑物与景观相得益彰，设计人性化，室内外装点的绿色恰到好处，色彩和谐，与季节的变化和大自然的循环协调一致。

安排和布局

本书分为两个部分：13个设计决定因素和30项分类。书中的插图和注释反映了作者作为一个校园规划者和设计者40多年的从业经验，包括与同事的多次探讨，多次对优秀的校园景观的实地考察和进展颇快的专业实践。后者包括各种剪报、照片、文章、信件、实地考察笔记、制图和具有代表性的校园规划与设计文件样本。书中引用文字和图表都出自作者的收藏，引用和插图有助于解释校园景观设计决定因素和分类要素。安排插图有几个目的，其中有些插图历史悠久，用以提醒人们校园景观已经上升为一种与我们的时代息息相关的艺术形式，一些插图从三维角度说明景观功能，还有一些插图是图解性质的，意在表明景观存在的缺陷和其他明显地需要进一步改善的地方。

相关事宜：项目预算、修建与保养

正如前面谈到的，该书主要讲述设计决定因素及其分类项目和

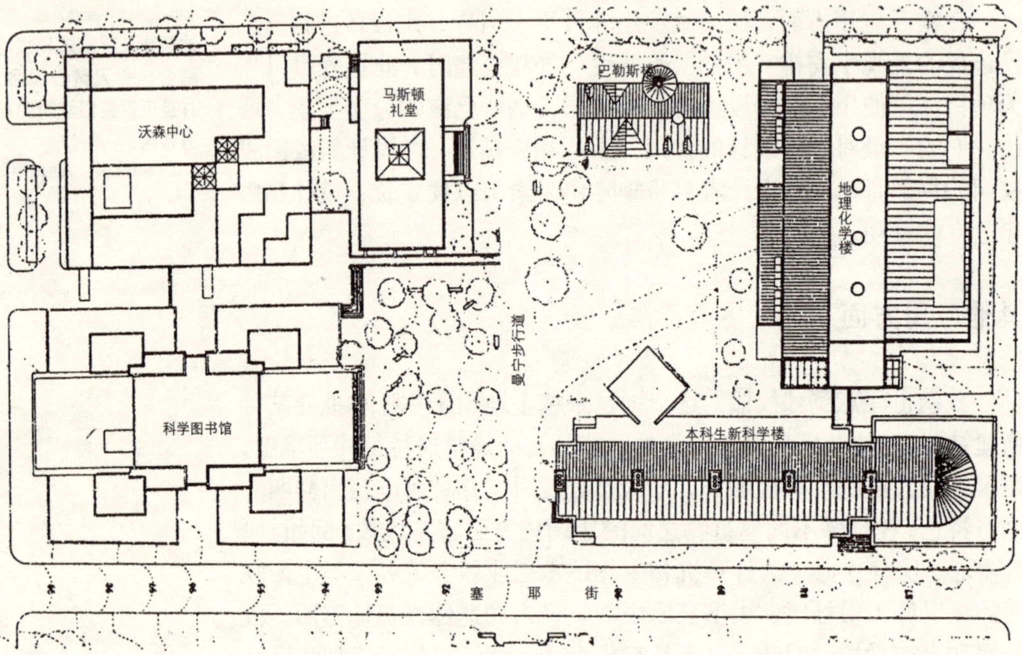

贻误时机——布朗大学

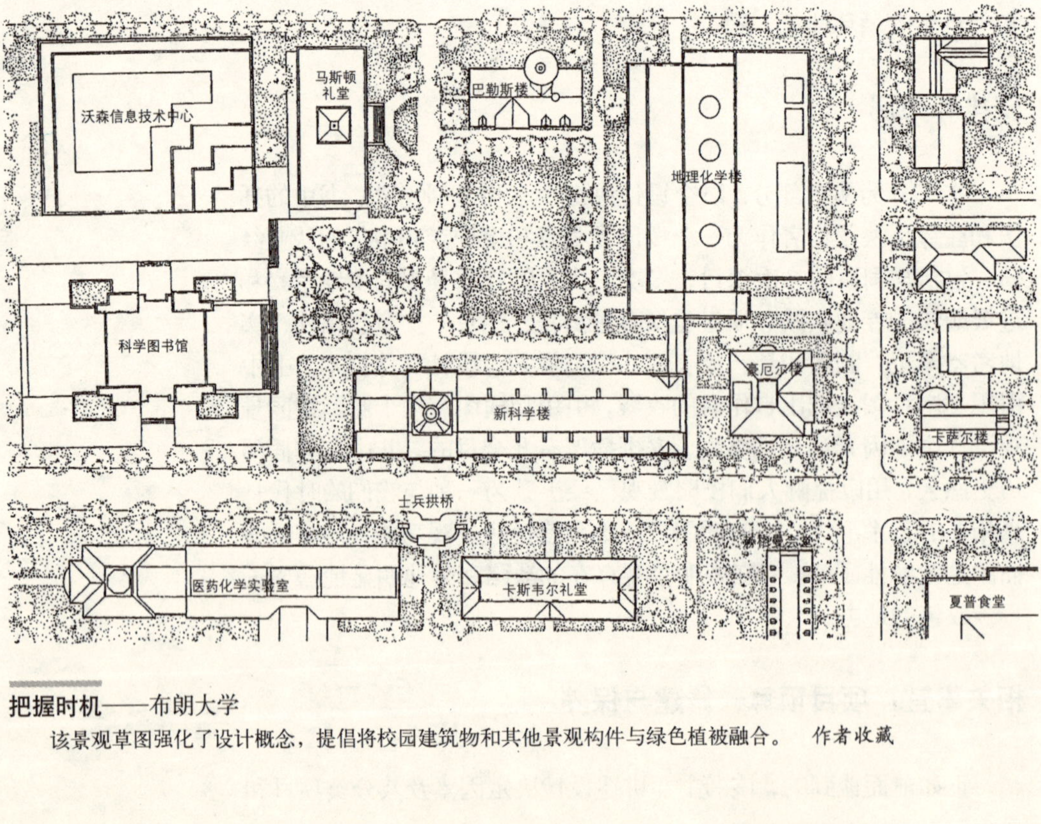

把握时机——布朗大学

该景观草图强化了设计概念，提倡将校园建筑物和其他景观构件与绿色植被融合。　作者收藏评价矩阵。这里也需要对专家、赞助者、管理员、校园景观提倡者多言几句。下页上有两幅布朗大学一栋新建筑物的平面竞标图，它们都出自著名的建筑师之手。其中一幅忽略了新景观设计的有利空间，另外一幅则表达了此种想法。原则上，如果在校园景观方面没有资金的支出，就不可能有校园建筑物的新的投资。

一个有教育意义的校园景观还应该考虑到更新、改建和维护。有很多理由需将校园景观当做一种濒危艺术形式，亟需人们多多关注、保护、解释和帮助。在当前的经济形势下，场地管理人员减少，成熟景观消失，用于修复的资金也被取消。校园设计，大自然的美丽画卷，正日趋消失。因此，我们提倡宣传一些值得注意的实例，现正处于衰退期的校园景观实例，特别是那些实用的、值得仿效却日见衰败的景现。一个世纪以前，查尔斯·埃利奥特·诺顿（Chavles Elios Norton）预言那些“有名的校园景观是杰出的作品。它们满足了人们的需要，且使我们的民主制生活绚丽多彩”。与大学和学院共同合作的设计师应该承担起重任，扭转人们对景观漠然置之的局面。至少，当设计师着手校园设计或局部设计时，首先应辨识出所有分类项目的位置和状态，提出修正的建议。

关于改善场地的操作和维修保养，本书也有相应的评论和建议。不同类型的景观有其相应的措施。只要定期割草、整理、修剪、施肥，大部分景观都能持久存在。那些过度使用且设计复杂的，就需要投入更多人力加以护理。密苏里大学（University of Missouri）哥伦比亚学院的统计性剖面图说明了保养的必要和相应的建议。296acre(120万m^2)中心校园地带有长7mile(11.3km)的景观大道和快车道，27.5mile(44.3km)人行道和5082棵树，按1999年的估算，这些树大约价值480万美元，其中包括264个品种和培育品种。有一棵针叶橡树直径50in(1.3m)，很具代表性。此外，每年校园还栽种28000株花。仅赛马场每年就需要播种11000lb(5t)植物种子，施35t肥料。大学获奖景观服务组织中包括了植物学家、园艺学家、景观建筑师、场地管理者、经理和监督管理者。作为预算中的一部分，他们组建了一个名为“收养一棵树”的协会。每个会员交纳250美元，扣除税金之外所得收入用于支持校园林阴小道项目，包括标识、保护115个品种的树木和发放指南，以便使人们认识到校园景观的重要性。

总之，本书可作为从事该项工作的工作手册，它阐述了一种重要的艺术为什么有如此广泛的吸引力，且与我们的时代和文化息息相关，并且告诉人们应该如何行动。对于意在借助各种景观发展和改善大学建筑物和场地的规划者和设计者及其服务对象，本书可作为指南。正如在致谢中谈到的，我非常感谢为我提供素材的人们，是他们弥补了该书在引述资料和范例方面的不足。同时也感谢他们的鼓励，是他们的鼓励帮助我完成该书。50年来，我殚精竭虑，全身心投入校园景观这一专业领域。希望该书实用性强，观点合理，我尽力客观全面地探讨至今在专业著作和相关参考书籍中尚未全面展开的领域。如有任何遗漏和错误，希能见谅。

理查德·P.多贝尔（AICP）
多贝尔-利茨盖-克雷格联合股份有限公司

第一章

校园景观设计决定因素

▶ 依据设计三要素，所有的景观设计都不尽相同。这三要素是：第一，景观所处的自然环境——地形、国家、气候、植被和建筑材料等等；第二，设计者和服务对象——他们的国籍、传统、鉴赏力、所受教育和其他社会条件；第三，也是第一和第二个要素综合作用产生的结果，即设计景观的目的。[亨利·文森特·哈伯德和西奥多拉·金博尔（Henry Vincent Hubbard and Theodora Kimball），《景观设计研究绪论》（An Introduction to the Study of Landscape Design）（纽约，1917年）]

本书导言解释和阐明了校园景观分类因素，下面将进一步介绍对具体因素的一个总体理解。这些因素贯穿整个设计过程和结果。校园景观设计决定因素列在导言中的景观设计决定因素和分类要素图表中，从自然因素（气候和地点）到人为因素（规划、风格、鉴赏力及资金）。实践经验表明，这些因素共同作用，可以产生适宜的和别具特色的景观设计效果，每种设计因各种因素的实际内容与互相影响而产生不同效果。

原因和结果相互作用的理论如同建筑景观设计这一职业本身一样古老。在我们的探讨中，没有引入新理论。下面将举例说明如何运用设计因素设计一个优秀的校园景观，我们鼓励大家仿效。这里不是对每一个因素都以同样的篇幅详尽叙述。对地貌，本书只在几个章节进行了简要分析；土壤、植物的选取方法和美学之间的关系将贯穿该书始终；本书引用了不同语言版本的有关品位与风格的哲学和心理学的文章。我们特别选取了设计者及其服务对象的所见所感，有时是在现场解说的范例。早已被人遗忘的专业期刊和论文将有助于更好地理解以前和现在的实例。本书对场景制作（设计发明）和场景维护（保护和美化现有景观）做了适当阐述。此外，在介绍景观类型时，将再次回顾设计决定因素的某些方面。设计是一个重复性过程而不是一个直线发展过程。反复讨论有助于强调确定性观点或是否认一个潜在的、不堪一击的观点。总之，当设计定义反复时，我们对历史学家休·霍金斯（Hugh Hawkins）称之为“事物的相互替代性，无法估量性，对事物持续性和变化性相互交织的理解”充满了敬意（如果不是敬畏的话）。

1.1 气候：宏观和微观

▶ 以上帝的名义向你传达，在你的土地的每一个角落上种植和培养树木；劳动力少，无需花费，收益很大……上帝将装扮你的心灵，赞赏你的勤劳。[约翰·杰勒德（John Gerard），《花园书》（The Garden Book）(17世纪)]

▶ 他们的小树林（无论他们何时种植，种植多少）总是整齐排列，像在果园里栽种的一样，这是完全错误的；当我们模仿大自然风格的时候，应跟随她的步伐，做到绝对的精确。因此，我们栽种小树或森林或其他树木时，最重要的是外围线条要与树林和谐一致，且任何三棵树不得种在一条直线上，除非偶尔需要变换花样。[巴蒂·兰利（Batty Langley），《园艺新原理》(New Principles of Gardening)（伦敦，1728年)]

▶ 种植者辛苦劳作之前，他要认真地了解气候和土地，耐心探究最适合土地和气候的各项条件，才能使树木枝繁叶茂。树木只有健康地成长，才能令人赏心悦目。[R.P.奈特（R.P. Knight)《景观》(The Landscape)（伦敦，1795年)]

▶ 气候因素通常被认为是次要的……但是，下面表明了植物本身就是设计的素材，仅次于场地的设计。植被和土地都会受到气候的影响……必须认识到，在所有的景观设计中，气候是一个基本的影响因素。[布伦达·科尔文（Brenda Colvin），《土地和景观》(Land and Landscape)（伦敦，1947年)]

▶ 如果问到学生是愿意在加利福尼亚的学校就读，还是在气候寒冷地区的学校上学，估计他们愿意在加利福尼亚的学校上学。实际上，无论气候情况如何，学生愿意就读于国内任何地方的学校。[《预测他们的情商》(Forecasting Their Emotions)；《纽约时报》(New York Times)，1999年2月16日]

气候包括温度、湿度、降水量、风速风向和日照时间、日照强度。随着季节变化，这些自然界生物的能源反过来影响自然的生态，从而影响了校园景观条件，如选择、活力、植被外观、户外场地的使用、建筑物选址和用以缓解恶劣气候的绿色植被。从宏观上看，气候因素在校园规划和构建景观的整个过程中都要考虑到。风景如画的大空间和小地区，以及由植物确立和强化的地域感，从最广义上讲，本身就是由气候决定的设计成果。

恶劣气候也许是一个限定因素，但不是景观设计的阻碍。亚利桑那大学（University of Arizona）值得称道的庭院设计充分考虑了夏季阳光、树阴，以及1月和7月温差的影响。在霍夫斯特拉大学（纽约），考虑了上述因素的影响，植物园加入了具有吸引力的冬季

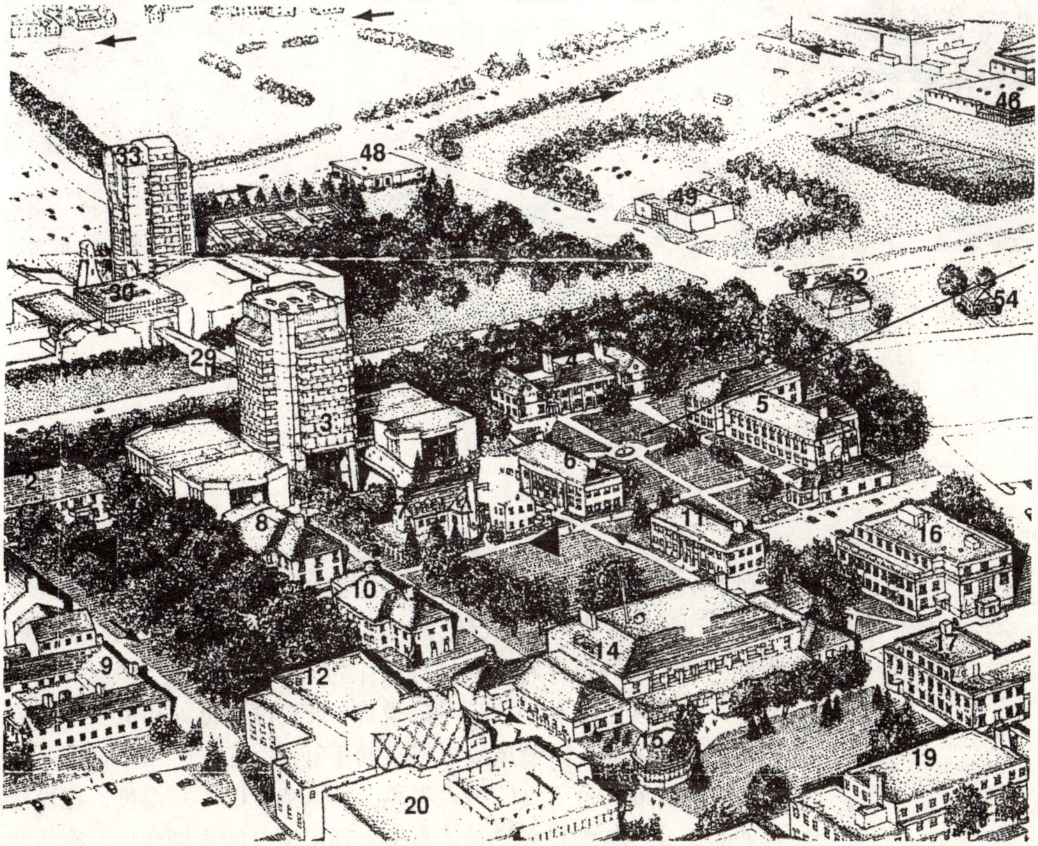

校园景观——霍夫斯特拉大学（Hofstra University）

为了提高入学人数和国内认知率，霍夫斯特拉大学将其校园建成了植物园。在这个高质量的环境中，一年四季花鲜草绿。校园地图和指南鼓励学生、教职工和参观者“停一停，读读这些小东西。我们的户外学习中心肯定令您满意”。 霍夫斯特拉大学提供

气候宜人，壮观的游廊——加利福尼亚大学，圣巴巴拉分校（Santa Barbara）

迈克尔·格雷夫斯设计的理论物理学院是一处精致的景观。它位于学院公用地附近，其位置和设计有利于谈话、交流意见，使教师、研究生和访客之间共享信息。 彼得·马利科诺夫斯基（Pcter Malinkowski）摄影——现场；迈克尔·格雷夫斯提供

景观（有意创造一种校园认同感）。迈克尔·格雷夫斯为理论物理学院（加利福尼亚大学，圣巴巴拉分校）设计的户外游廊以及供人们休息和聊天用的草坪将宜人的气候作为一个设计因素。微观气候决定着大型景观设计和小型项目的设计。景观设计位置和植被排列方式可产生热效应，缓解风给人带来的不舒适，徐徐吹来的微风，在最适宜的时间，最适宜的地点吸热，加速蒸发以冷却温度。在设计户外的天井、游廊和庭院时，要充分利用风向的周期变化。冷热空气的交替和昼夜的温差都要考虑。在寒冷的日子里，座位面朝西南，沐浴阳光又能遮挡寒风；而当烈日炎炎的时候，在阴凉处感受凉风习习掠过又是多么的愉快。

如果注意到植被之间的因果关系，而在建筑物选址和景观布置

美丽如画——韦克福雷斯特大学（Wake Forest University）

绚丽的彩云，葱郁的树木，艳阳高照，幻影憧憧，装点着传统与现代的校园，而这一切都随着季节变幻更迭，气候是决定的因素。　格雷格工作室（Gregg Studio）摄影；韦克福雷斯特大学提供风景如画的大空间和小地区，以及由植物确立和强化的地域感，从最广义上讲，本身就是由气候决定的设计成果。

时没有去考虑这方面的情况，那是多么愚蠢。从当地气象局或国家气象服务部门就可获得气候方面的信息。正如许多景观专家所了解的，每一幅校园景观图需要一个指南、比例尺和简要的气象数据。预期的使用时间和使用天数——景观规划的必要信息——与温度、阳光、降水量和盛行风的变化有关。

关于微观气候，这个领域有相当丰富的文献资料，包括从维特鲁威（Vitruvius）的“气候如何影响建筑风格”的论述到维克托·奥尔加伊的（Victor Olgay）《设计与气候》（Design with Climate，普林斯顿，1963 年）。奥尔加伊的研究较为前卫，往往被忽视。但是在校园景观设计领域里，他的著作提供了很好的建议。

1.2 植被

气候影响植被的选择和利用。每一种植物都有其独特的形状、

波莫纳学院

从 19 世纪晚期开始，波莫纳学院（Pomona College）校园的创立者就想把它设计成花园式的。那里的草坪使人们联想起古老的新英格兰式的学院建筑。在最初的几十年里，局部景观材料的使用让人们感到波莫纳校园是“牛津的橙色地带”。　R.P. 多贝尔摄影

外观、颜色和质地。精明的设计者研究它们的特性，把设计理念与实际的视觉效果结合起来。景观有多种选择的可能性，但是是有限的。气候（特别是温度和降水量）影响植物生长的自然环境。不按自然环境选择植物，通常没有好结果。大体上讲，将与气候相关的园艺学原理应用于校园景观设计时，通常需要运用常识性的知识。因此，设计者不可能建议把棕榈树种植在明尼苏达州圣约翰大学(St.John's University)的车行道旁，也不可能将杉树种植在宾夕法尼亚州哈弗福德学院（Haverford College）道路的两旁。阿拉斯加大学（University of Alaska）的遮阳树就与内华达大学（University of Nevada）的不同。

校园歌曲和校园故事常有歌颂校园景观的内容，所以校园景观的偶像作用不可低估。校园徽标是景观所在学校价值的体现。威廉·沃伦学院（William Warren College）的院徽上就有松树的图案，单片落叶图案出现在格列纳尔学院（Grinnell College）和万德比尔特

新英格兰气候现状——哈佛大学商学研究生院

由于冬季寒冷，这里不能四季常绿，但是将景观（庭院、花园、座位区）朝西南方向安置，就能展现一幅美丽的景色，是学校活动日的理想聚会地。 R.P.多贝尔摄影

阳光、树阴、局部景观——亚利桑那大学

建筑师AR7胡佛和德斯蒙德（AR7 Hoover and Desmond）与景观建筑师迈克尔·范瓦尔肯伯堡（Michael Van Valkenburgh）合作，根据气候变化设计的庭院。在航天工程学院和机械工程楼的交界处，种植了棕榈树和草坪，加强了该地的认同感。　R.P.多贝尔摄影

大学（Vanderbilt University）的院徽上。在奥伯林学院（Oberlin College）的奖章上，花草树木图案清晰可见。经风格化处理的坚果图使人们联想到皮马社区学院（Pima Community College）。在埃文斯维尔大学（University of Evansville）的盾牌上两棵挺拔的大树矗立在主楼的两旁。这些都提供了根据校园所种树木识别不同地区学校的线索，因为气候不同，其校园植被也会不同。

树和草坪是校园景观中必不可少的。在风和日丽的日子里观察校园风景，人们坐在那里，或独坐或一群一伙，难道树木对于人们的身心健康没有贡献吗？也许是间接营造了一种安居乐业的环境吧？F.A.巴特利特（F. A. Bartlett）说，树木“散发出魅力，提供树阴……（创造了一种环境）舒缓地激活了人们的思维，这是在工作时间无法做到的。当一个人每天以极大的热情投入某项工作时，必须有敏捷的思维”[《美国景观建筑师》（American Landscape Architect），1930年11月]。诗人、规划者和物理学家也同意他的观

树林式学院，美式风格——布朗大学

从普罗维登斯（Providence）、罗得岛（Rhode Island）（布朗大学，上图）、克莱尔蒙特（Claremont），到加利福尼亚（波莫纳学院，见第8页），树木和草坪构成了一幅令人叹为观止的画面。景色随着局部植物品种及季节更替而改变。 R.P.多贝尔摄影

点。树木是“健体强身、放松神经与刺激灵感的工具”。

巴特利特的想法与伽勒特·艾克博（Garrett Eckbo）“景观的营造是为了生存”的主张是不谋而合了。艾克博认为，绿色植被应在校园景观设计中充分发挥其应有的作用。绿色植被如同健康科学一样具有疗效，如同艺术一样激发灵感。在由技术和网络空间形成的世界里，宜人的环境能提供休闲活动的场所，平定电子时代带给人们的那种烦躁不安的情绪。

从古代的格雷斯安（Grecian）树林式学院到20世纪美国校园景观，你会发现，少量的几棵树挺立在校园的空旷区，如绿色雕塑。而排列成行的树木，能清晰标明大路、小径、界限的位置与方向。如果恰当地选取树木，校园路线就会更加明晰。在校园周围种植的树，也许会像绿化带一样密集，但是树木形成的屏障可降低噪声，如同悬浮粒子过滤器一样提高空气质量。

树木能加强建筑群的整体结构感，就如同框架装饰照片一样。

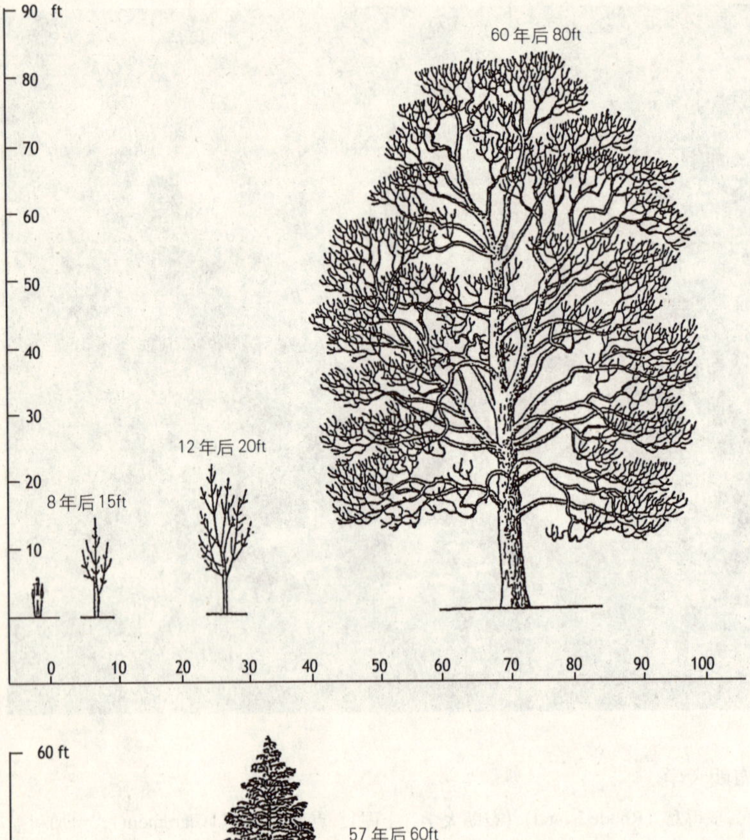

树木成长图

两种树木的成熟期，一种是落叶树，一种是四季常绿的树木。9 年是一个院长的任期，23 年是一个高级教职工的任期，60 年小树才能长大。一位最年长的校友记录了最初来校时所种树的成长过程。 作者收藏，J.泰维特（J.Tyrwitt）提供（lft=0.3048m——编者注）

在经典的和当代的审美论文中，可以找到混合和匹配方面的理论。汉弗莱·雷普顿（Humphry Reptor）（1794年）认为哥特式（Gothic）建筑要配以圆形树，帕拉第奥式（Palladian）建筑要配以尖形树。查利斯·Z.克劳德和赫伯特·C.怀斯（Charlesz · Klauder and Herbert C.Wise）[《美国大学建筑》（College Architecture in America），纽约，1929年]在树木的选择方面，采用了实用主义标准。“第一个要求就是：树要茁壮，能抵挡暴风雨而不受损害……不具备这一优点的树木，如挪威枫树、挪威云杉和针叶橡树，就不要选用。悬铃木（无花果树）、马栗树容易落叶，会使草坪和步行道很难保持整洁。”

无论是按传统的还是现代的观点，在设计精良的景观中，校园树木都是重要的组成部分。设计者在选择树的种类时，会权衡再三，以期达到最佳美学效果。约翰·爱德华·杰弗里斯（John Edward Jefferies）[《景观与花园》（Landscape and Garden），1935年冬] 建议，树木可以按其高度、形状、木质、颜色、果实和花来选择栽种，或者视地形、季节变化、树的寿命及保养的难易程度来安排。在重述生态必要性时，他说，所有的树木选择都要考虑到要与土壤条件和气候相适应，至于外在形式，现代建筑物的线条“主要是水平的，且无装饰点缀”，他主张，这样的建筑如果配以“盘旋生长的树，如果将树木种植在建筑物周围，那么其设计最佳”。C.A.萨金特（C.A. Sargent）在[《花园与森林（Garden and Forest)》，纽约，1888年]中提醒大家：“关于外在形式，你只有了解了一棵树的整个生长阶段，才能真的了解这棵树。”

我们常常发现，许多校园为求短期效应，经常将小树拥挤地种植在一起，当它们生长时，就会争夺土壤、阳光和空气。树木发生倾斜，进而达不到原有设计的对称性。更为糟糕的是，由于分布不均，加速植物枯萎，加重植物病害，由此导致的缺陷是无法用新树木代替的。

对于现存的和待修的遗留建筑，树也可以作为这些学院永恒的象征。如果恰当选取，妥善维护，景观可以存留几个世纪。所以这种景观树在开始种植时不能急功近利。长期保留的树木需要精心保养，场地管理预算中应该包括这笔费用。为保证维护和补救方法得当，偶尔需要请外部人士给予指导。一个校园景观是一个活生生的艺术品。如同油画和雕塑作品，仿造和替代原作都是难以令人信服的。因此，正确的态度是使景观保留持久的关键因素。

在选择树种时，布伦达·科尔文和杰奎林·泰维特建议景观建筑师考虑树的生长速度[《城市和乡村的树木》（Tree in Town and Country），伦敦，1947年]。尽管该书是针对英国的情况写的，但是她们对树木选择方法的认识却成了应用审美学的教学范例。她们的建议是：树形成树林，组成设计空间……让树的外观，树林和树丛的格局令人赏心悦目。她们感到高兴的是，理查德·圣巴贝尔·巴克（Richard St.Barbe Baker）也许会转述4世纪中国学者的话“树之栽种，应能融欢愉、繁盛、荫蔽、静谧、独处之感觉为一体，此感觉令人迷惑，如堕乡村自然之幻境”。“迷惑”是贬义词，如用“平静”一词替代，那么按巴克的解释，人们会发现，校园树木学作为艺术所具有的价值。当然，并不是所有人都认为乡村景色就能令人心境平和，值得仿效。人造田园风光与精心设计之间的审美冲突，到底哪一种最终形成了现存的校园景观，后文会加以详细地论述。

M.E.博顿利（M.E.Bottomley）在辛辛那提大学教授景观结构学时（c.1930年），对于那些“相对于周围环境来说过于庞大，相对于其宽度显得太高，或相对于高度显得太宽，或设计繁杂，装饰过度，或过于平实，缺乏吸引力”的建筑物，采用树景来衬托，以产生完全不一样的视觉效果的设计大加赞赏。不少校园都有至少一或两座建筑物受益于此种并不复杂的设计。

1.3 环境适宜性

环境适宜性同样重要，因此也是一个设计决定因素。例如，过度依赖于单一树种就想设计出引人注目、别具特色的景观的观点（在以前几十年中并不少见），总会受到质疑。在某些实例中，有些选择方法从生态学角度衡量是不明智的。某些树木受到疾病的侵害、发育不健全，挽救起来耗费资金，且从视觉上令人不舒服，这就给校园风景留下了缺憾。设计中的这种弊端，我们有必要反复告诫。

同样，设计草坪也要考虑生态问题。象征高等教育的图像在北美大学校园中盛行。在人们的脑海中，草坪就是校园的象征。无论草坪是否适合在缺水的地区生长，也无论学校能否负担施肥和除草机的能量消耗，如今都是无须争论的问题，当然也不是小问题。

另一方面，缺陷能激发解决办法的产生。现在人们重新对选择其他植被产生兴趣，如野花及不需要精心培养和浇水的草。通过一个信息网站，美国环保局提倡使用本地生长的植物和地面覆盖物：“美丽、耐寒，一旦种植它们，不需要像以前的草坪那样精心养护”。环保局认为，种植此类植物，一旦就位，就不再需要“施肥、除草剂、杀虫剂或浇水”。

进一步的启示：避免使用单一树种，苗圃尽量扩大存货。干燥地区景观（Xeriscaping）——一种干燥地区的古老景观艺术——颇得人们的青睐。在干燥地区，一个标识性景观就能代替大面积的草

埃克伯在阿尔布开克（Albuquerque）——新墨西哥大学

加勒特·埃克伯设计的池塘和草坪坡道与附近传统设计形成鲜明对比。这个独具匠心的局部景观范例，被广泛引用。 *加勒特·埃克伯摄影*

坪。新墨西哥大学的两个项目就是很好的实例。

在新墨西哥大学（阿尔布开克），无水的广场和庭院与加勒特·埃克伯设计的人工湖相映成趣。草坡引领人们进入校园生活。乍一看，这一局部景观设计似乎不协调，但是很快人们就发现这真是一件巧夺天工的艺术品，令人赞叹不已，它使人们意识到文化的斑斓绚丽和气候的变化多样。再举一个更近的实例：1990年圣菲社区学院（Santa Fe Community College）为线形联体建筑选址，将一片栽树的绿色草地环抱其中，沿袭了传统景观设计方法。景区的构成与校园所处的沙漠地带形成鲜明的对比。美国西南部的类似景观可追溯到阿尔罕布拉宫（Alhambra）。在那里，为了适应干燥气候，15世纪的摩尔（Moorish）建筑师使用水声、有限的绿色植被、装饰性的铺路地面来分离光和阴凉处的拱廊。

在界标的设计组成部分以草坪为主的景观地区，挑选适合于该

过度依赖于单一树种就想设计出引人注目、别具特色的景观的观点（在以前几十年中并不少见），总会受到质疑。在某些实例中，有些选择方法从生态学角度衡量是不明智的。某些树木受到疾病的侵害、发育不健全，挽救起来耗费资金，且从视觉上令人不舒服，这就给校园风景留下了缺憾。

地气候的草种可以弥补缺陷。草地专家范尼-佛恩·戴维斯（Fanny-Fern Davis）将美国陆地分为三个气候区：干燥区、冷湿区和热湿区。因此，“在某个地区生长良好的草也许在其他地区不能存活”。谈到匹配原则，美国有1100多个品种，但是“不足30种”用于“美化校园或校园建筑物，以消除泥土和灰尘，营造舒适的娱乐场所”。

随着气候变化，植物的颜色、质地、休眠状态和季节性外观会发生很大变化。一个生长茂盛的草坪需要技术专家选择适宜的自然环境和气候。例如，水牛草抗旱性能好；蜈蚣草“喜光，适于在干燥的沙土中生存”，戴维斯说，“冷湿环境，背阴地区”是草生存的最佳条件。茂密生长也许会招致真菌，如同痤疮长在原本是一张美丽的脸庞上。“低矮生长的草种比高大直立生长的品种更理想，因为前者不需要经常除草”。

1.4 地貌

▶ 我们在寻找理想的校址，一个海拔高、干燥和开阔的地区。[托马斯·杰斐逊（Thomas Jefferson），1818年]

▶ 所有的设计都应该从对地表的考察开始……这时没有什么比地形图更有用的了。[阿瑟·A·舒特莱夫（Arthur A· Shurtleff），1930年]

▶ 最小的项目也许需要最大的创造力。一个设计项目的规模和潜力越有限，我们就越要热情洋溢、全力以赴地制定出开发那些潜力的方案。[理查德·诺伊特拉（Richard Neutra），《选址的神秘性和现实性》（Mysteries and Realities of the Site，纽约，1951年）]

▶ 出于本能，我们会想：“如果把那山在这儿升高，在那儿削低，景色会不会更美呢？”……这就是景观设计师的工作。审视地形，在头脑中将这块地切来割去，想像着效果是好还是糟。设想可能会发生的变化，制定最详细的设计方案。余下的是打基础的艰苦工作，直到工作完成。[弗莱彻·斯蒂尔（Fletcher Steele），《花园与人》（Gardens and People，波士顿，1964年）]

▶ 爬到高处向下俯瞰，审视眼前的世界，这是人类的本能。[克里斯托佛·亚历山大（Christopher Alexander）等，《建筑模式语言》（A Pattern Language，纽约，1977年）]

地形——地球的表面形状——从较大的地貌，如能容纳整个校园的小山或坡道，到小范围地面上难以察觉的起伏。这是全面地具体地实现校园景观设计理念的一个基本条件。

早期美式校园设计很好地说明了创建者对高地的偏爱胜于平地。为什么呢？进出校园从不同角度观察，景色会更美，周围空气会更清新，废水排放装置更容易设计。一两栋建筑物居高临下，有其象征性意义。如大教堂、城堡或是国会山，建立在高地上的校园能更直观地展示其性能、风貌和神韵。因此，波士顿学院（Boston College）赢得了“高地”这个名字，肯塔基州立大学（Kentucky State College）经常被提及的绰号是“山顶大学”，都表明了它们所在地方的地形特征，这也可从主要景观及其组成部分看出来。

在将地形影响确定为校园景观设计决定因素之前，我们最好首先讨论规模宏大的景观，然后再探讨根据地形建造的玲珑景观。第一种是类似于古希腊的卫城或中世纪城堡的艺术精品，它们宏伟壮观，展现广阔的全景，居高临下，可以顺坡瞭望全城的风光。第二类是较为地方化的景观，它们从视觉上和作用上都具有地方色彩。以下的探讨围绕着复杂的地形展开——并不是说平地设计在视觉上没有吸引力，因为即使是看上去水平的地表也会有一两个凸凹，同样也可以给景观增加美感。

韦尔斯利大学（Wellesley College）的景观设计模式是一个引人注目的、成功的例子。它很好地将地形学与地貌结合起来，其中有些特征为大型景观的设计理念提供了佐证。总的设计框架是由小弗雷德里克·劳·奥姆斯特德（Frederick Law Olmsted Jr）构思的。他还设计了各种类型的地貌方案。奥姆斯特德认为，这些地貌决定着是否实施校园设计方案。这些地貌包括：湿地、位于陡峭坡上的不规则高原、小圆山和大山。奥姆斯特德认为，低地始终保持开阔的状态，建筑物应建在山顶或较高地方。正如遗址历史学家伊丽莎白·迈耶（Elizabeth Meyer）总结的：“新建筑物的蓝图将按照山的走势设计，而不是按照一些抽象的几何形状设计，这样做便于设计成庭院或方形场地，形成周围环绕山和草地的景观。”奥姆斯特德认为，冰冻地形学“为景观奉献了美”，创造性的应用是“对子孙后代应尽的一份特殊的责任”。

这些目标在韦尔斯利大学成功地实现了。塔、庭院和方院的组合与东面的塞弗伦斯绿地和罗多敦德瑞谷地（Rhododendron Dell）相映成趣，令人耳目一新。在有些地区——例如，大学方院（Academic Quad），其建筑物与地形相得益彰，它的设计体现着一种圣米歇尔山（Mt.St.Michel）般的魅力。

地貌是全面地具体地实现校园景观设计理念的一个基本条件。

奥姆斯特德的设计缺陷并不是他的过错。135 号道路的车辆造

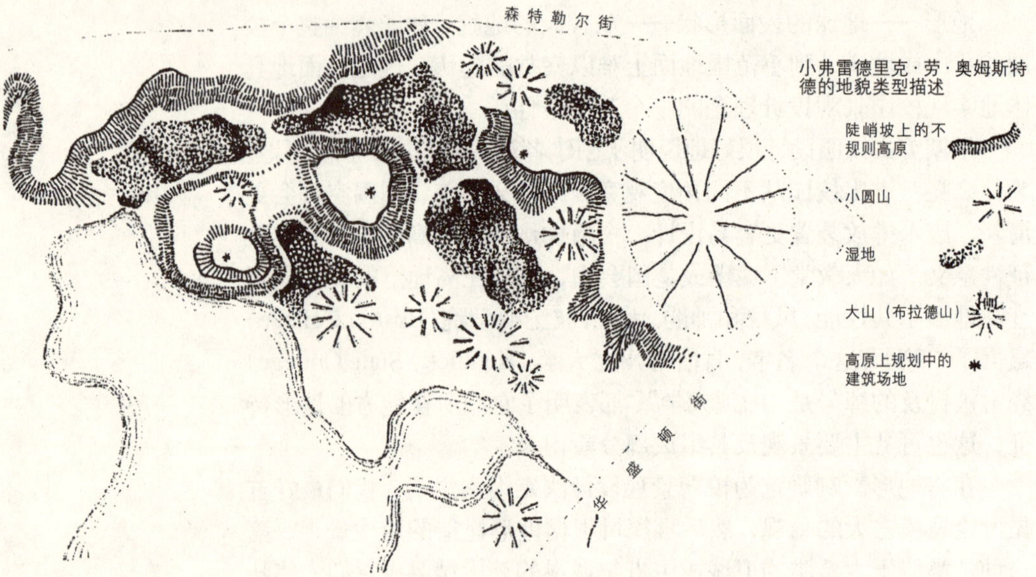

总体设计到局部设计——韦尔斯利大学

上图是伊利莎白·迈耶重述了小弗雷德里克·劳·奥姆斯特德的地形分析。下图，大学方院是对奥姆斯特德的设计模型的解释。利用坡度缓和技巧，达到改变地形的目的。　迈克尔·范瓦尔肯堡提供

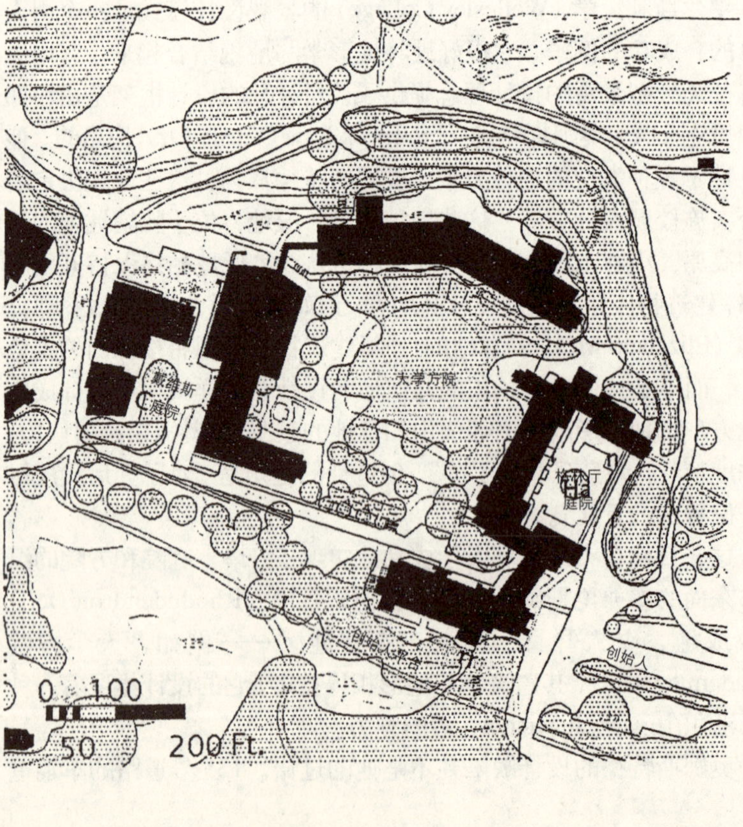

成通往哈泽德方院（Hazard Quad）的入口拥挤不堪，车辆停满毕业礼堂向南延伸的空地上，非常难看（这里的“难看”和字典上的定义非常贴切，即：“看上去令人的感官不舒服，不愉悦”）。环境美化设计家迈克尔·范瓦尔肯堡在1998年韦尔斯利大学景观重建规划中论述了这方面的问题。

在校园地貌整体设计中，规模较大的校园结构设计是由地形决定的。三个基本方法是常见的：回填、削平、嵌入。卡斯·吉尔伯特制定的明尼苏达大学西侧规划方案就是运用第一种方法。明尼苏达大学西朝密西西比河，采用了完美型艺术手法，其层叠台地的设计使人们回想起某些已逝文明的悬挂式花园。某些景观设计的经典方案与地形结构不相适宜，那么就需要改变一下地形了——这种方法至今还受到质疑。但是，回顾一下杜克大学的校园设计史，就可以找到这种方法的佐证了。大学赞助者，詹姆斯·B.杜克（James B. Duke）为建立哥特式的西校园，将北卡罗来纳州（Carolina）德拉姆（Durham）地区的丘陵地带夷为平地。独特的墙面上嵌着仿造的中世纪的作品，衬托着下垂的常青藤，真可谓巧夺天工。四方形建筑周围的花草树木的设计又极尽洗练。从这里走开，偶遇附近的建筑物和景观，能明显感受到这些景观是非天然的，但却又令人耳目一新。杜克精美的构思使其显得别具一格。

德尼斯·莱斯顿（Denys Lasdun）的英国东英吉利亚大学（University of East Anglia）景观设计（1965年）没有使用人造景观，

河岸梯田——明尼苏达大学

卡斯·吉尔伯特（Cass Gilbert）设计典型的层叠台地是一个明显的线形景观。在最显著的位置上种植了四棵笔直的树，将人们的视线吸引到中心。吉尔伯特认为，这种绿色植被设计方式也许不能按统一的高度和宽度生长。当难以驾驭的大自然使植物松散生长时，定期修剪树枝、交叉树枝或藤条就能使树木以规则的几何形状生长。这里的园艺技术同景观设计一样古老。 作者收藏

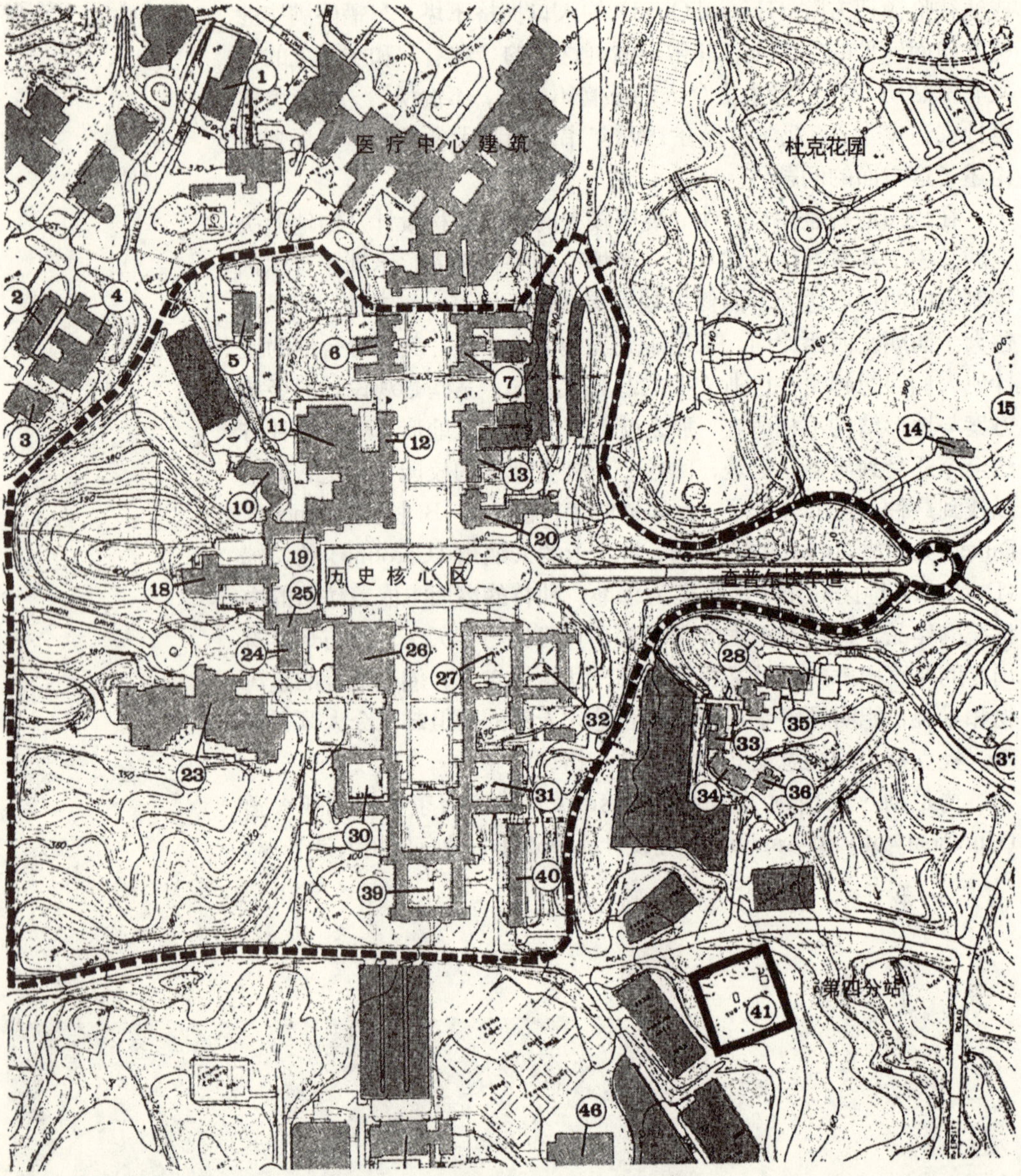

杜克大学历史核心区——杜克大学

为了达到哥特式建筑的要求，詹姆斯·B. 杜克鼓励他的设计者将山夷为平地，建造一个新的大学综合楼。大胆创新改变地形，与附近未经过修整的地形形成鲜明对比。中心景观就与附近景观，如萨拉·B. 杜克花园（Sarah B. Duke Gardens）不同。地形的对比使得创建者的设计更是独树一帜。 多贝尔-利茨盖-克雷格联合股份有限公司提供

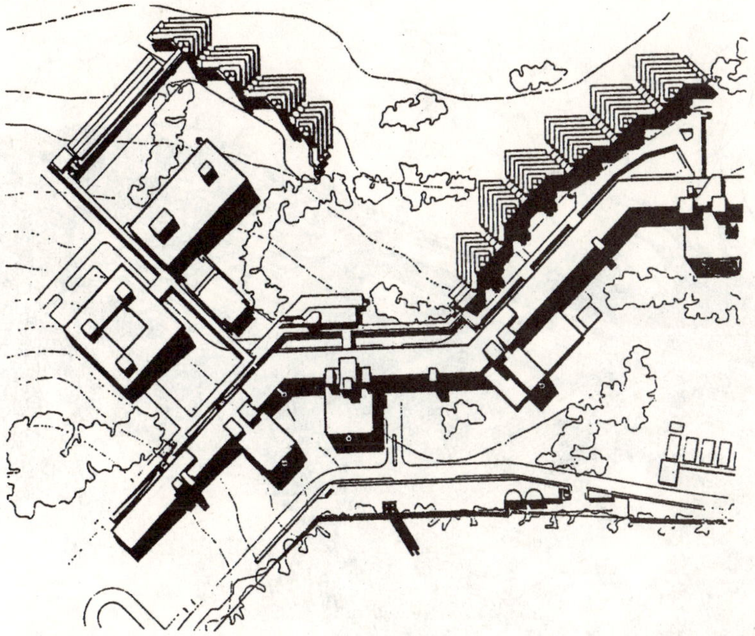

大型设计结构——东英吉利亚大学

1964 年德尼斯 · 莱斯顿（Denys Lasdun）设计的大型景观采用了等高线设计方法，将绿化带设计在较低的位置，标志性景观建筑矗立在较高的地区。集多种功能于一体的建筑结构（教学、研究、居住区）中间插入构造简单的景观，这种设计方法较之将建筑物分散地建在一个个方形场地上，让人有耳目一新的感觉。莱斯顿想要建造这样的建筑结构，“集各种活动于一处，个人可以感到自己和整体是融合一体的”。为求整体优势，大学的布局受到限制，但却保留了自然景观。 *作者收藏*

没有皈依现代建筑设计理念。如阶梯状学生宿舍楼利用了地形高度上的变化，如此形成的景观（种有树木的草坪）使人们联想到诺福克（Norfolk）的乡村景象。从绿色植被到宿舍楼及远处相连的大型建筑物（包括学术性和辅助性空间），地势逐渐上升。无车辆往来，无停车场，该地势的特征更为明显。一直向北是坐落在高地的线形建筑物。

与东英吉利亚大学同期设计的斯卡伯勒学院（Scarborough College）[加拿大安大略省（Ontario）]是另一个将地形与建筑物结合起来的典型实例。这两个设计均被认为是优秀的设计范例。它有效结合不同功能性场地与地貌，错落有致，周围绿色植被更是令人交口称赞。安大略湖的设计并不是一帆风顺的。表面上看起来不利的因素[一个陡坡和一个自然保护区将 200acre(0.8km²)区域限制在 50acre(0.2km²)范围内]却激发了建筑师约翰 · 安德鲁斯（John

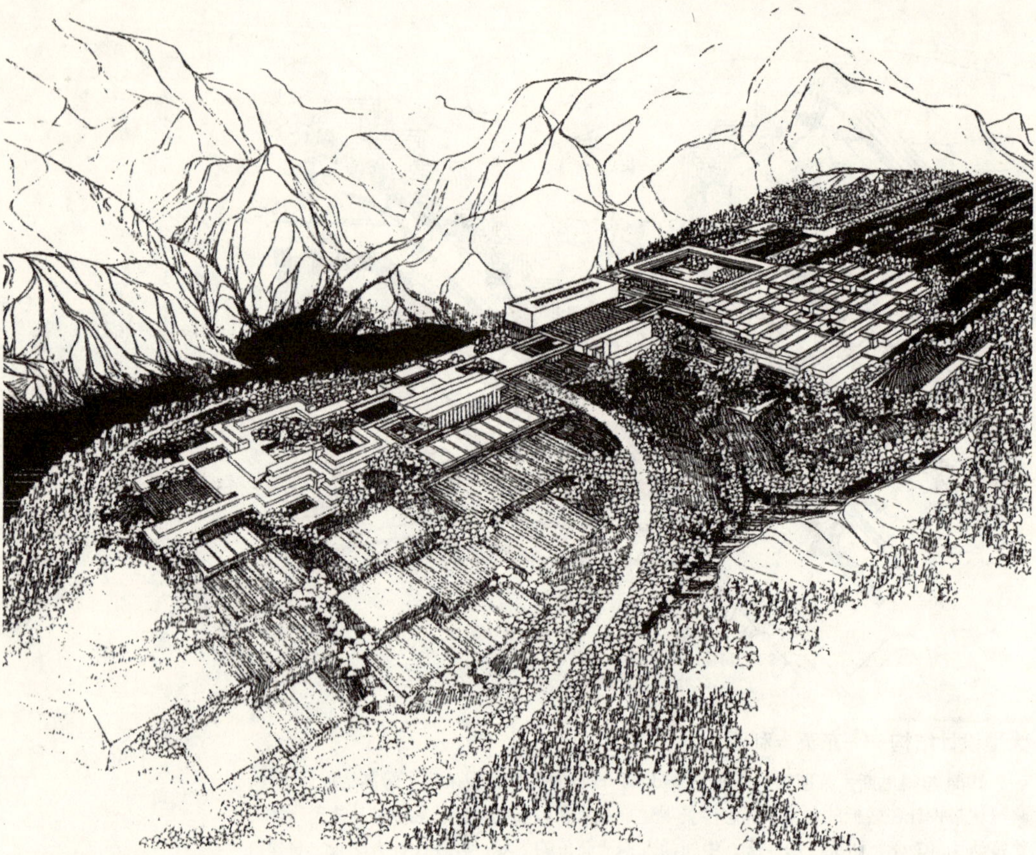

相同布局，对比布局（上图和右页图）——西蒙·弗雷泽大学竞标图

评估董事会下达的西蒙·弗雷泽大学竞标报告指出，“每一个设计者面临的重大问题就是如何将伯纳比山(Burnaby Mountain)附近的起伏多变而又颇具浪漫色彩的地形统一起来，然后根据建筑要求解决规划和场地问题”。

中标方案（上图）将一系列相连建筑物和景观建在高处，作为教学区。根据地形，将运动场和停车场建在线形中心景观周围。设计委员会写道：“中标的景观设计体现着自然状态，除了需要实现必要的功能之外，无需改动。”

Andrews）和景观建筑师迈克尔·霍夫（Michael Hough）的灵感。他们采用了线形设计方法，如同东英吉利亚大学的设计一样，内部设计采用等高线方法。斯卡伯勒的建筑物坐落在角度明显的陡坡上，五层建筑俯视一片空旷地和树林区。站在那个拐角处，大型水坝的壮阔景色一览无余。风景如画的停车场位于地势较高的保护区，两边树木栉比鳞次。

在20世纪中期，地形复杂的大型设计的成功实例有加利福尼亚大学的圣克鲁兹分校（Santa Cruz）和位于加拿大不列颠哥伦比亚省的西蒙·弗雷泽大学（Simon Fraser University）。这两个大学的景观设计截然相反，虽然不是全部，但主要都由其地形决定的。前者是

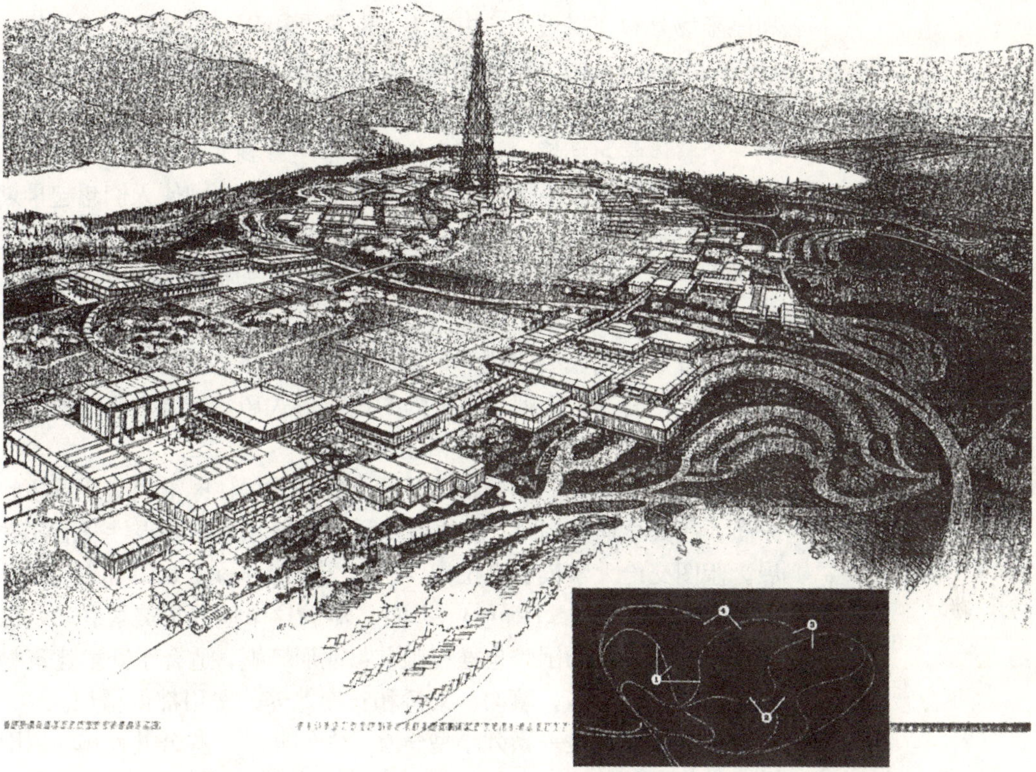

第二个设计方案（上图）将九个不同学院设在场地周围，沿等高线环绕一系列运动场、空旷地和景观建筑。委员会评论“同古希腊雅典卫城相似……人性化设计，简单而有逻辑”。 作者收藏

古希腊卫城式建筑，巍峨壮观；后者是平地上建起的好几座校园，每一处都独出心裁各具特色。不同的设计方法形成的对比（单一地区对分散地区），丰富了在校园特定区域内小型景观设计的形式。

西蒙·弗雷泽让参加设计竞赛的建筑师设计一个看上去很完整的校园，它像大树一样从中心向外延伸，室内空间要连接在一起，避免教师和学生穿越校园时，该地区连绵不断的小雨给他们带来的烦忧。有别于每个系各建于一处的设计方式，不同功能性空间彼此相连，便于开展不同学科的交流。最后中标方案是将高山与建筑物融为一体的大型建筑结构；水平方向布局精巧，错落有致的地形连接着方形的学术庭院，这里似乎可以在任何时间随意地使用水、草地，观看雕塑作品；纵横交错的网络终端设计合理；台阶与小路结合地形，设置巧妙，使总体效果更为紧凑。一等奖和二等奖不同的设计理念很有启发意义。阿瑟·埃里克森（Arthur Erickson）和雷蒙德·

自然界没有的条件，设计者偶尔也可以创造。

马西（Raymond Massey）的方案将线形建筑物建在高地上，运动场和停车场分布在斜坡上。由威廉 · R.罗恩和 W · 兰德尔 · 艾尔代尔（W.Randle Iredale）设计的中标方案，山顶为开阔的空地，建筑物与运动场和原址遗留森林交叉布置。第一个方案可为 18000 个学生提供一个整体学习环境，第二个方案将学生分到九个不同的学院。

寻求一种沿着主要公路可以观赏的风景——这使人们想起早期美国大学从实际意义和象征意义上都追求高的愿望——詹姆斯 · 麦迪逊大学（James Madison University）科技学院的这一设计综合了斯卡伯勒学院和西蒙 · 弗雷泽大学的特点。詹姆斯 · 麦迪逊大学把山脊设计成结构紧凑的线形学术地带，宿舍楼建在斜坡上，对比性的景观广泛分布，规则与不规则的设计形式巧妙结合，两处景观都与附近的停车场及公共食堂相连。

在太平洋沿岸的加利福尼亚圣克鲁兹的居住区沿倾斜地形巧妙分布。在其早期规划时，就注意到了大学所在地的局限性及潜在发展。蓝图交给大学校长克拉克 · 克尔（Clark Kerr）时，市长迪安 · E. 亨利（Dean E.McHenry）写道："尽管这个地方是美景之一，但是许多非同寻常的困难也摆在眼前：地形崎岖，适合于开发建筑物和道路的土地不多，填沟、架桥和长期保养的费用都得增加。"

最初的设计是一系列小型学院，它们共享一些公共设施，周围是大量的自然植物和农作物。原设计方案对圣克鲁兹以后的学术发展及学院文化的影响很大，受到广泛的好评，被认为是将教学任务融入校园景观设计的建设性转变的范例。

圣克鲁兹的布局受大学第一任景观建筑师托马斯 · 丘奇（Thomas Church）设计理念的启发，每一个学院都置身于优美的环境和独特的建筑中，同时，都保留大面积的红杉林和草地。西蒙. 弗雷泽和斯卡伯勒的设计结构紧凑，给人印象深刻，圣克鲁兹却以其田园风格而著称。从地势较高的地区跨蒙特雷湾（Monterey Bay）到卡梅尔（Carmel），开阔景色和狭长景色的错落重叠，成片树林环绕学院区，大大小小的空旷地、草地与农田交错分布，构成一幅幅美丽的画卷。难怪，是安塞尔 · 亚当斯（Ansel Adams）参与了早期规划。他称赞丘奇的设计方法，"这样的景色在地球上屈指可数"。面对连绵起伏的地形、峡谷和山冈与小树林和牧场形成的对比，他又赞赏道："任何变动都只能使效果平庸了。"

在如今的 2000acre（$8km^2$）土地中，1/5 的土地是校园自然保护区。相当的一部分土地用于植物和农业生态示范田。没有用于教学楼和居住区的剩余土地，都精心设计为保护区。为了突出历史遗址，石灰石采石场改建成竞技场。曾经是养牛场中的一些建筑，经过修整和美化，成为大学的一部分。圣克鲁兹著名的生态学博士课程在所有环境伦理学项目中名列前茅。不过，规划一个著名大学需要在地点设计上做出一些调整，以便将不同学院和共享建筑物连接起来。幸运的是，人们对创建者保护自然环境的主张始终很重视，使这些调整措施得以顺利进行。于景观细微处可感受到设计者的设计意图。对比圣克鲁兹分校和加利福尼亚欧文分校的桥，这两个都是值得称赞的设计。两地都属气候温和的地带，功能大小相似。一个是精心设计的城市化铺路桥，而另一个是随意的、质朴的乡村风格桥。

思维敏捷的设计者通过对现有状况进行专业研究，寻觅功能和视觉上的可行方案，以改变地形。

自然所没有的景观，设计者有时也能创造出来。位于伊尔谢勒山（Irchel）的苏黎士大学（University of Zurich）在20acre（8万m^2）

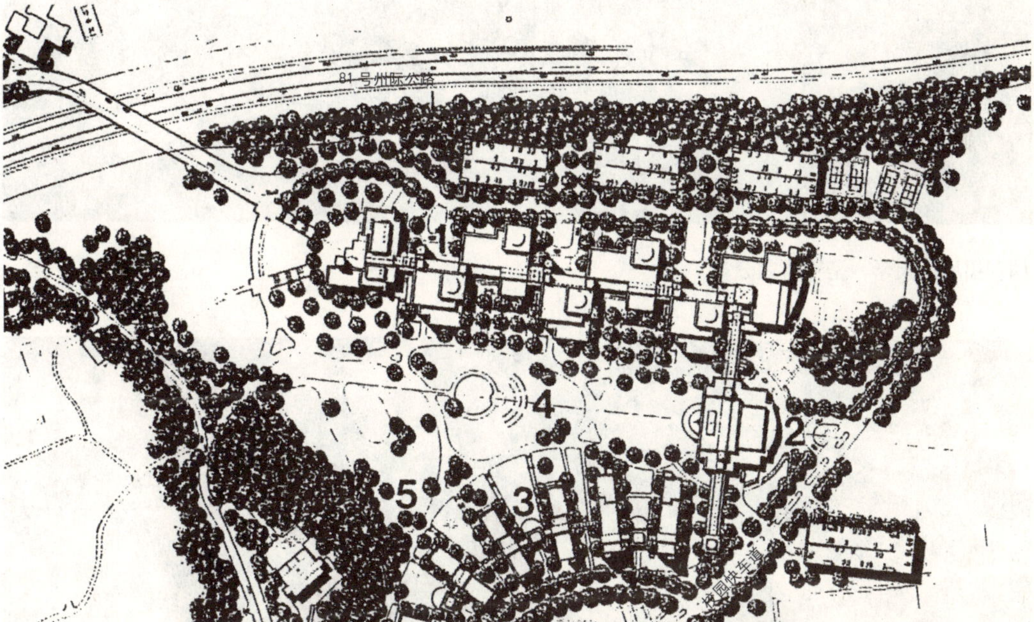

科技学院——詹姆斯·麦迪逊大学

根据计划目标（从附近州际高速公路可以看到教学区与景观融为一体的布局）和地形情况（明显山区地形），确定了一个显然受地形影响的校园景观设计方案。 查尔斯·A.克雷格绘制；多贝尔–利茨盖–克雷格联合股份有限公司提供

加利福尼亚大学，圣克鲁兹分校

加利福尼亚大学，欧文分校

的土地上，建成一个多功能的大学运动场，其中设有儿童运动场和被动娱乐场地。这个奇特的设计方案需要用40万m^3的碎石和泥土建造场地、人工湖和用来降低公路上噪声的小土岗。这部分景观是校区和社区的接合处。选取各种树木种植在湖的周围，营造出自然区域性的生存环境，与传统装饰性的园艺设计迥然不同。巨石、铺路石、长方形花岗岩石板和木制铺板构成了美轮美奂的图案，突出了地形的特征。在这里，你可以领略到地形作为设计因素起的作用。景观名作是在广袤大地上精心筹划的结晶。每一个作品各具特色，区域整合型的西蒙·弗雷泽大学和斯卡伯勒大学，人造区域型的杜克大学，区域分散型的圣克鲁兹，复合型的韦尔斯利大学，以及特立独行的伊尔谢勒山。

1.5 地形变动

“地形维持原状或重塑”——是“校园地形决策图表”的主要分支。很少有理想的地形，不用变动就能完整地表达景观设计。地形变动通过坡度分级实现——先为实现景观美打基础。大规模地改变地貌（韦尔斯利大学，大学方院，第18页）或将其坡度分级减缓[坦普尔大学（Temple University），纪念花园（Memorial Garden），第28页]。崎岖不平的地形也能激发设计灵感。

出于一种或多种原因，可将特殊地貌轻微变动或大幅度变动。

- 建筑物以最佳方式与其所在地地貌融为一体
- 提供价廉、高效的排水系统
- 捕捉美景或遮挡劣景
- 将地夷平，建运动场
- 缓解陡峭地区土壤的侵蚀
- 建造水景或储存溢流水
- 规划路界，明晰路向
- 在地面雕塑某种艺术作品

地形影响局部景观（左页图）

用景观细部强化基本地形特征的设计。两个典型实例：（上图）加利福尼亚大学圣克鲁兹分校穿越林区的粗木桥，加利福尼亚大学欧文（Irvine）分校由A. C. 马丁及其合伙人公司设计的城市化大桥，每座桥都在主题、规模和用材方面体现、突出了所处地区大环境的特征，还表现了所在地区的价值，象征着学院的目标。欧文分校体现了“前缘”设计，圣克鲁兹分校散发着田园的气息。 R.P.多贝尔摄影

一些典型的阶梯形式

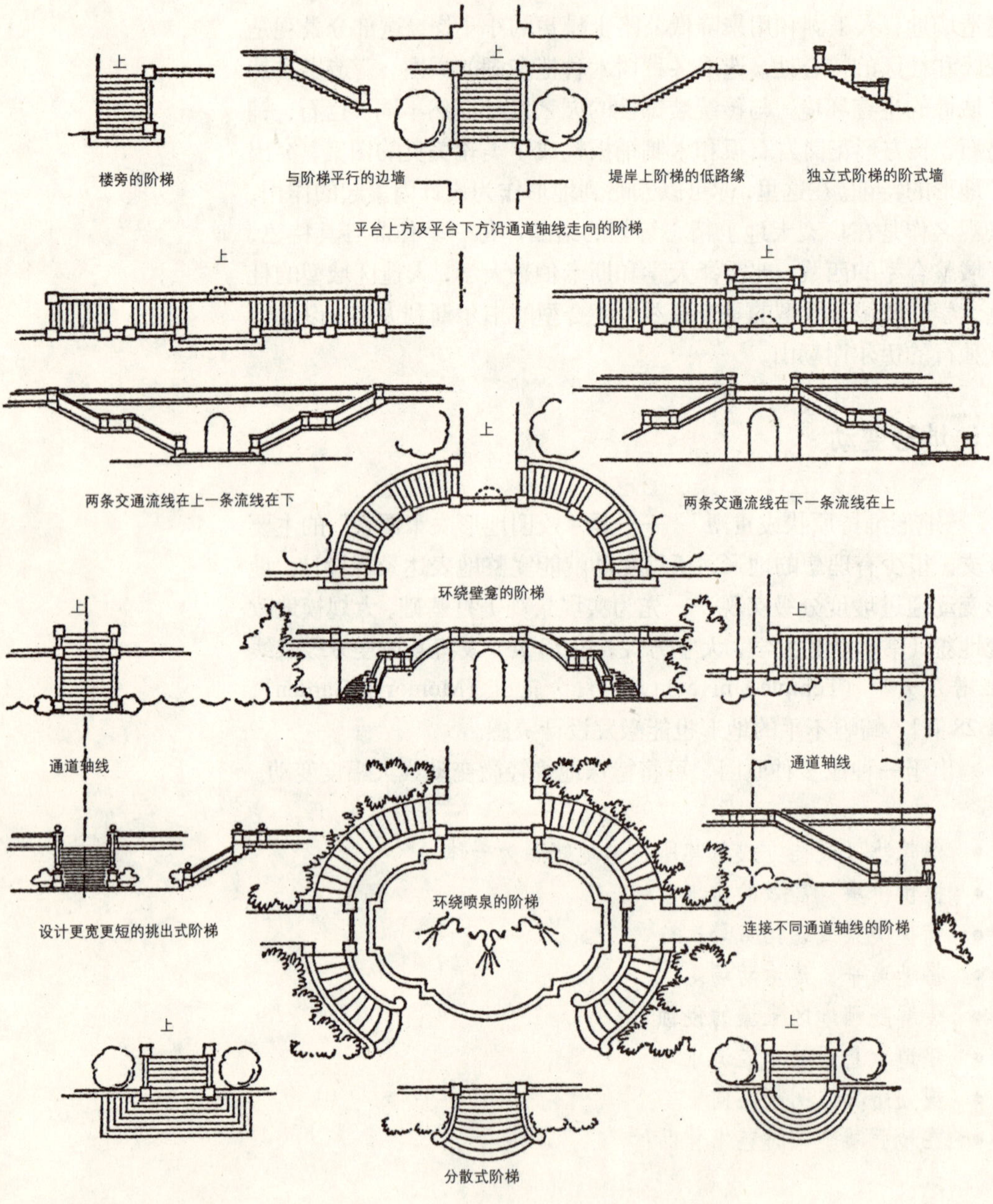

坡度变化：传统表现手法

20世纪田园式地形处理方法比在连绵起伏的地形上采取正规的处理方法更为成功。在地形坡度变化方面，受传统教育的景观建筑师有丰富的表现手法。遗憾的是，许多当代的设计方案欠缺几何图形的优美和前辈的设计技巧。这是校园景观设计值得注意的一个方面。 作者收藏通过详细研究现有状况，寻觅功能和视觉上可行的方案，思维敏捷的设计者依据上述原因改变地形。具有讽刺意味的是，当代设计对传统的设计形式还有待进一步掌握。传统设计将坡度变化处理方法视为景观设计的主要手法（见第28页）。更糟糕的是那些以功能为主要目的利用地形的粗糙设计（建一个二层停车平台，在两个平面做入口和出口使用）。他们忽略了周围迷人景观的潜能。

如果专业论文是一个窗口，透过它就能理解从业者运用地形学是何等的荣耀的话，A.R.尼科尔斯（A.R.Nichds）1923年对设计者工作的描述是发人深省的。他写道，经验丰富的设计者寻求的是“最佳利用画面上的原有事物，使建筑物及其环境看上去仿佛他从来没有处理过，眼前的景象似乎本身就很美。”在尼科尔斯眼中，各种构造物之间是“有序、合理的关系”。综合构成的景色是令人“着迷的”。建筑物看上去好像“建立在一个迷人的景色中——成片的树林、远山、开阔的草坪。看上去没有进行任何人为改动的景色却别具魅力。”他认为，这样的设计，尽管“自然外貌不理想，但是绝对可以

巴顿设计的缓坡——坦普尔大学

坡度上的细微变化展示了纪念性花园优美的地形环境。在看似不可能的地方，一双慧眼和一幅地形图就能产生不同凡响的设计方案。特别重要的是建筑物墙壁和地面的结合点。为求省时，设计者会草率地将这些交接地设计为矮树丛和其他绿色植被，以掩盖他们对地形变动的不重视。 乔治.E.巴顿提供

山顶式设计——耶鲁大学

在景观建筑师丹·基利的帮助下，埃罗·萨里宁（Eero Saarinen）运用高度上的细微变化显示空间的连续性，使人们联想起意大利山顶上的城市。 R. P.多贝尔摄影人为改善。”因此，详细勘测地形，掌握地形状况的第一手资料尤为重要。

尼科尔斯进一步解释道，这种设计方法也要求“种植各种各样的植物”几十年后，普恩蒂斯·弗伦奇（Prentiss French）又提出：“过度种植植物，开始费用昂贵，占用有用空间，还可能会遮挡光线、隔绝空气，保养费用昂贵，视觉效果差……一个设计简单保养方便的方案要比过度种植植物且外观平庸的方案更为可取。”他称赞一个“著名的”设计师，“设计出一个4～5ft(1.2～1.6m)宽混凝土狭长地带”环绕建筑物，“目的是防止不明智的”种植。作为一个设计因素，这种禁止化设计方法应当慎用。

下面介绍三个小型景观设计实例，都涉及了地形变动。它们分别是耶鲁大学、哥伦比亚大学（Columbia University）、约克大学（York University）。从主题上看我们讨论的是人造景观、城市面貌和风景的有趣结合的内容。此处引用耶鲁大学的例子当属于校园景观设计决定因素中的X因素（见第70页）——天才大师的惊人作品，

利用了地形但忽视了景观——加利福尼亚大学，伯克利分校

对于城市来说，这个设计是精巧的，但是它忽视了发展周围景观。其他类似的设计表明，校园设计监督者从视觉效果上检查和评价景观项目并且提出建议，实施干预政策（最好还没有强制）是有益处的。 R.P.多贝尔摄影

景观建筑师丹·基利（Dan Kiley）协助设计。哥伦比亚大学的设计方案受古典艺术风格的影响，类似于教堂式的建筑，坡道采用明显的阶梯式设计方法。约克大学的设计方案考虑到恶劣的自然环境的影响，参考了先前的景观设计目标，查阅最初校园规划方案的地形分析资料。

在外观、布局和视觉冲击力方面，耶鲁大学摩尔斯学院和斯蒂勒斯学院（Morse and Stiles Colleges）的设计具有持久性。外观、颜色和外形延用古老的耶鲁建筑形式——代表着全民对待环境设计的心态，也是对呆板的现代环境的矫正。在20世纪中期不同类型的大学建筑作品中，萨里宁的设计方案独树一帜。看到纽黑文地形图只有细微的变化，有人听萨里宁这样说："就像圣吉米尼亚诺（San

阶梯作为集会地点——哥伦比亚大学

麦金、米德和怀特将传统阶梯和城市化景观设计为颇受老师和学生喜欢的集会地点。 R.P.多贝尔摄影

湖区规划实现（右页下图）——约克大学

几十年后，大学景观建筑师吸取了早期设计规划图的设计思想，考虑了恶劣环境因素的影响，实现了早期地形规划目标。 约克大学提供

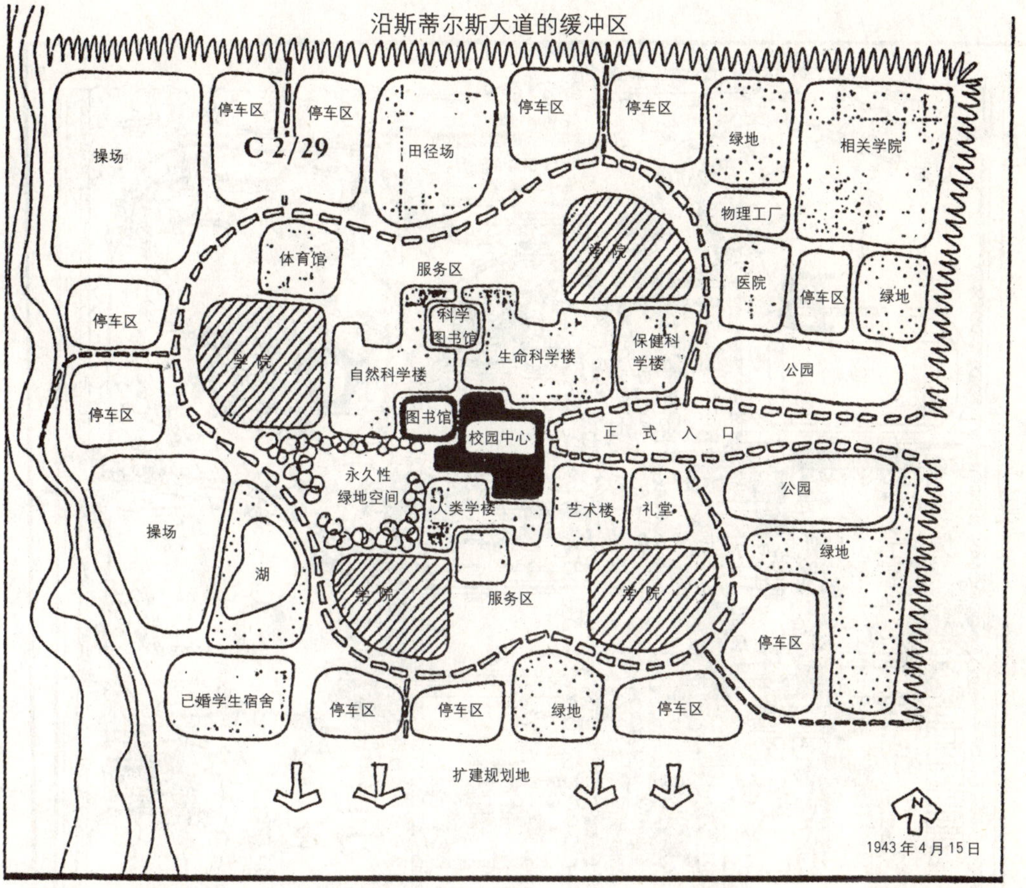

道森设计的湖区——约克大学，加拿大

根据斯图尔特·道森（Stuart Dawson）最初对现场地形的分析，制定了一些临时的和长期的主题景观设计方案。作者收藏

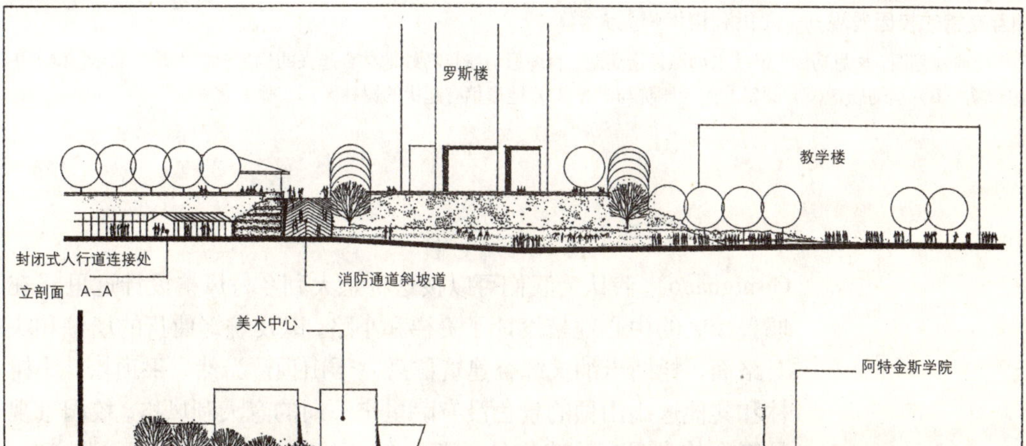

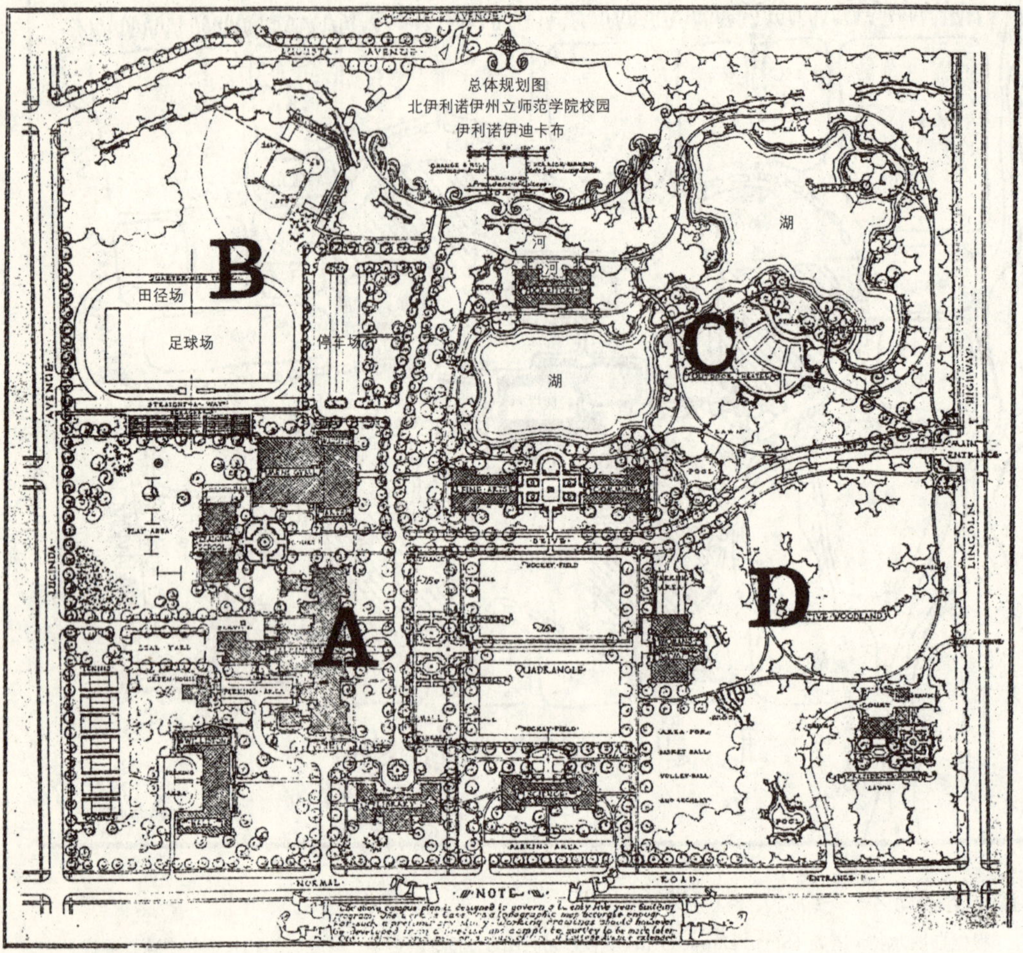

相互交错的校园景观——北伊利诺伊州立大学

经典规划图，构思巧妙，但从未如愿付诸实施。将地形与建筑巧妙地结合起来的构思对后人是个启示。(A) 平地区域；(B) 运动场；(C) 倾斜的露天剧院与湖；(D) 地形稍有起伏的树林区。　作者收藏

Gimignano)，我认为我们可以按这种意大利乡村风格设计这里。”在耶鲁校区的中心地带设计了阶梯和小路，以及蜿蜒曲折的墙壁和块石路面，托斯卡纳式综合建筑群矗立于山顶。当然，平顶松、小树林和其他远山山顶的景色没有萨里宁一向的意大利风格。校园景观是舞台的布景？让我们给帕西法尔（Parsifal）和唐乔瓦尼（Don Giovanni，亚瑟王传奇中寻找圣杯的英雄人物。——编者注）加上校园树林和花园的布景吧。

作为校园生活的舞台，哥伦比亚大学洛图书馆南侧的阶梯、长

1920 年鸟瞰图——贝茨学院

出自于专业收藏集，贝茨学院，刘易斯顿（Lewiston），缅因州（Maine）

凳和广场的整体布局是一个成功的景观范例，如果其形式和建筑风格难以模仿，其设计意图是可以仿效的。麦金、米德和怀特（Mckin, Mead & White）于 1895 年设计的经典方案显示了曼哈顿北部陡峭的地貌，但没有明确表达出来。大学景观成功占用了附近的街区，扩大了设计范围。通过迁移车辆流通区，增加了地形的可用价值，由此，人们认识到该地区的功用性，加强了对该地形的了解。在以后的分类中，我们将引用更多的景观设计实例。这些实例把建筑物门前设计成学生和教职工聚会地，表达了该种布局的方式和原因。

巧妙构思长盛不衰，特别是对于那些早期的、未曾实现的创造性作品。在约克大学，斯图尔特·道森1963年首次观察了校园地形，将倾斜地区和浅水湖定为可以发挥功能的场地，只是当时没有提到什么功能。1987 年的规划扩大了湖区的视野范围，建立了规格标准

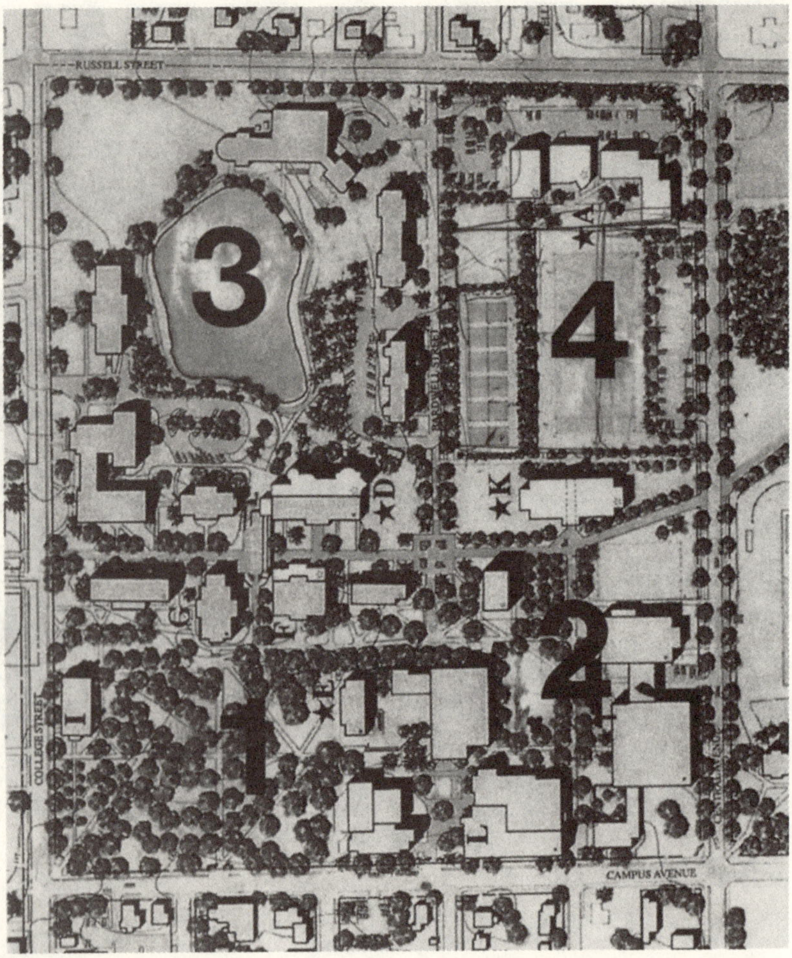

平面图——贝茨学院

耐心、资金和可行性观点——根据不同地形规划景观，是校园发展一直遵循的方针。传统四方形区（1）和新规划四方形区；（2）已经得到美化；（3）蓄水池已建成；（4）娱乐场所周围的新区域正在动工。　多贝尔-利茨盖-克雷格联合股份有限公司提供

的新运动场，实现了在湖区周围建立植物园的设想。在连绵起伏的地形上，划出建立新建筑物的地址。很多约克大学建筑与20世纪中期现代派建筑风格极端相似——极端化体现在首次设计了硬质边缘的建筑和地面及宽敞的中心校园区。在阳光明媚的春天和夏天，该地区风光秀丽，景色迷人。但是在寒冷阴霾的冬季，则是一个令人沮丧的地方。20世纪90年代末，学院实施了一些补救措施，在道森设计的区域附近，增加了一些景观。

一些方案试图将受地形影响的景观设计融合在一起形成一个宏

伟的大型景观。20世纪20年代北伊利诺伊州立师范学院的设计以其别出心裁而堪称典范，但是由于经济危机，它没有按原计划实现。东南部是一个平整、精巧、匀称的校园景观。在露天长方院中，有运动场草坪。按田园式设计的后部区，有非正式的花园、湖、露天剧院。它们所处地形微微起伏，与平坦地形形成对比。有趣的是，从正门进去，沿风景秀丽的行车道行驶最终到达了实验室校区，而在许多校园中，长长的景观的最末端都是图书馆或小教堂。

贝茨学院（Bates College）的发展模式是近年来成功运用早期设计理念的实例。该校园利用地形，在小于一个山顶，大于一个庭院的范围内表达景观设计主题。1920年的鸟瞰图展示了四个发展区域，有已建好的和尚在建设中的。1993校园规划详细阐述了他们的发展形成过程，最终被确定为大规模校园景观特殊设计区。公园般的山坡被保留下来，按19世纪新英格兰校园的传统模式进一步美化，即在四方形地块上种植草坪和树木。将东北部低洼蓄水的地方挖深，使其轮廓清晰以衬托周围的建筑物。半圆阶梯式石头墙壁支撑了坡度构造。把阶梯式运动场扩大成绿地游乐场，附近是新建的房舍。约翰·诺伦（John Nolen）1914年设计的古典装饰艺术风格的平坦方院与规划中的校园中心设施相映成趣。然后，每一个地带根据周围环境和用途，进一步美化。例如，在19世纪校园区增加树木栽种，在新学术楼附近的湖边和步行道增加景观。

1.6 地下构造

最近几十年，城市化的进程、对农业及国家能源的需求、更多人寻求户外娱乐所产生的效应、军备需要，所有这些都推动了新的学科、新的专业与新技术的产生和发展。结果，在实践和理论上，对校园景观设计产生很大影响。

有影响力的作品有：伊恩·麦克哈格（Ian McHarg）的《设计结合自然》（Design with Nature，纽约，1969年），W.D.索恩伯格（W. D. Thornbury）的《地形学原理》（Principles of Geomorphology，纽约，1954年）中关于科学发现的论述，科林·W. 米切尔（CollinW. Mitchell）的《地形评估》（Terrain Evaluation，伦敦，1972年）中的应用专业技术。与此同时，毕业于园林设计学校的毕业生，如哈佛大学卡尔·斯德兰尼（Carl Steinitz）指导的学生，正在掌握地形设计的观察力和技能以提高地况分析设计的水平。他们使用的工具包括插地式雷达、遥感器、红外扫描仪、计算机制图和三维模型。具有争议的是，通常设计者需要实地勘测，绘制地形平面图和平面布

影响校园景观设计的自然因素有：地形、地貌、植被、岩石类型、土壤、地面、地表水和矿物质。

置草图。如今新技术取代了这些工作，同时也会忽略老方法中的某些感觉。然而，也有人认为，灵感在计算机中并没有消失。道格拉斯 · S. 韦（Douglas S.Way）简要地描述了某些地下状况的因果关系：任何校园所在地及其景观布局“必须与自然环境和自然资源的适应力和承受力相适宜”[《地形分析》(Terrain Analysis)，斯特劳兹堡（Stroudsburg)，1973 年]。

影响校园景观设计的自然因素有：地形、地貌、植被、岩石类型、土壤、地面、地表水和矿物质。上地表地貌学已经阐述过（气候、植被、地形)。下面将介绍具有挑战性的地下地质结构特征，包括粘韧冰碛、高水位平地层、岩溶区、沼泽、露出地表的岩石及含矿岩层、清泉。如同气候和地形影响植物的选取及分布一样，它们可以表明可建 / 不可建地区，确定较为广阔的景观设计范围（线形布局或方形布局)，合理分配道路和娱乐场所所在地。一旦发现不利因素，经过仔细研究和讨论，可通过爆破、缓和坡度、挖掘、填充、稳固、耕种，将不利因素转化为有利因素。从马萨诸塞州查尔斯河(Charles River）沿岸地区的发展情况可以看出，大规模改变地形的效果很明显。波士顿大学（Boston University)、哈佛大学、麻省理工学院的大部分土地是填充地。西北大学 (Northwestern University) 湖边的扩展区域也是填充地的例子。这里显现出强制性措施的优势。受土地和河流的限制，位于查尔斯河流区域的麻省理工学院不断地增加景观的密度，新校园景观的建立有利于学校的发展，这是范例。当人们沿公路快速通过波士顿大学时，其近期建立的线形景观令人过目难忘。哈佛大学的运动场建在松软的“士兵田地”近一个世纪，1999 年哈佛大学改造了部分土地，使其常年保持干燥，以供娱乐之用。

像磁铁吸引铁屑一样，“不可建”的复杂地形吸引着景观设计者。牛津大学是一个三维综合体，它把表面上的不利状况转化成有利因素。沿着查韦尔河（Cherwell River）的艾迪生（Addison）步行道是 1630 年设计，19 世纪建成的。如今，步行道两旁的树木茁壮地成长着。圣约翰学院（St. John’s College）的岩石激发了 H. J. 比德（H. J. Bidder，1890 年）的设计灵感，他设计出一个园艺花园，综合运用了地形、土壤和各种植物材料。当时，曾掀起过大众模仿该设计类型的风潮。伍斯特学院（Worcester College）的湖（1830 年）是沼泽地带，其设计体现了亚历山大教皇（Alexander Pope）的设计思想——“鲜明的对比，非同寻常的管理，不留痕迹”。对波莫纳学院的拉尔夫 · 康奈尔（Ralph Cornell，1928 年）来说，根本就没有“劣地”。保持大学本身凹凸不平的“自然状态”可以很好地衬托整洁的草坪、风格独特的庭院和方形院区。

具体来说，我们认为，即使是一个地下结构复杂的校园，其景观也能得到美化。例如，通过引入地下水、移走岩石、在线形风景区种植树木和设置长凳，中央康涅狄格州立大学停车场周围地区的景色得到了美化（地面岩石、地形和人造景观的有效结合）。圣里吉斯学院（St. Regis College）停车站地区位于含矿岩层地带，用草地、树木、光等加以装点，看上去似乎是传统新英格兰艺术中心门前的景观。布兰代斯大学（Brandeis University）令人感兴趣的原因是它保留了某些地质构造物（含矿岩层和冰冻岩石），将其建为别具特色的校园一景。关于如何将沼泽和湿地改造为校园景观，见象征性要素水的景观（第188页）。在有些情况下，一些极难改变的地形可成为历史遗址区一景。在这样的地方设置标识和文字描述，赋予它们教育意义或用以纪念创建者克服不利因素的坚强意志及设计者的高超技巧。见第222页，“历史性场地”。

1.7 校园的面积、布局与周围环境

校园景观不是抽象的，而是有形的。校园所在地的面积、布局及周围环境的状况和特征都是决定校园景观的要素。在加利福尼亚（欧文，1963年）建立一个新校园需要1000acre（4km^2）地。历史上有名的布朗大学占地148acre（0.6km^2）（1998年）。10分钟是课程转换时间，假想这段时间的步行距离，125acre（0.5km^2）地就足够用于建立校园中心区，使5000名学生有足够的活动空间，无需建立高层建筑。在人口密集的城市，建立这样的校园是不现实的；在大城市的边缘地带，这就算面积最小的校园了。

要注意到很多例外情况，不过利用数学公式可以合理分配场地。公式包括建筑物的预测使用空间，停车场、运动场、服务场地的使用空间——根据预测人数计算，然后乘以大学标准的人均空间量。通过预测地面使用面积与覆盖面积之比，将预测空间转换为使用面积的英亩数，同时也留出了用于建立其他设施（希望能多一些）的空间。然后，才能根据地形、财政和政治情况，进一步调整设计方案。

尺寸已经确定，布局和周围环境呢？我们认为：方形布局比直线布局更为灵活。一块完整的地块要比被街道和其他人的房屋分割成几个碎块的更为有利。与不积极的使用方法相比，适当积极的土地使用方法能提供一个更为优美的环境。因此，在购物街道建立一些低档的小饭馆、书店、咖啡屋、自行车租借处和旅行社，比建立公墓或是食品加工厂更好。与天然生产业相比，当代研究园是更好的邻居。与停车场相比，一个完备的中转站可以使人们更方便地到

市中心

市中心将成为该大学社区活动和代表其身份特征的一处重要场所。它将位于校园核心区的附近，为学校的师生、职工以及当地居民提供一个购物、就餐、休闲娱乐、进行文化活动、实现市民权利和参与社会活动的场所。相关的各种设施也将置备，包括零售店、办公室、服务区、餐馆、娱乐场所、留宿旅店和文体活动设施。该中心除了实现居住功能，还将具备商业和文化的功能设施，从而创建一个24小时服务的综合环境。它将弥补默塞德市区和其他商业中心的活动条件的不足。

"培养一种场所感，注重建筑设计的同时，也要注重考虑公共和开放空间的设计。"——《城市形式控制板》(Urban Form Panel)

该图显示了从步行者角度看到的市中心和校园核心区交界处景象。中心右侧是校园入口处。

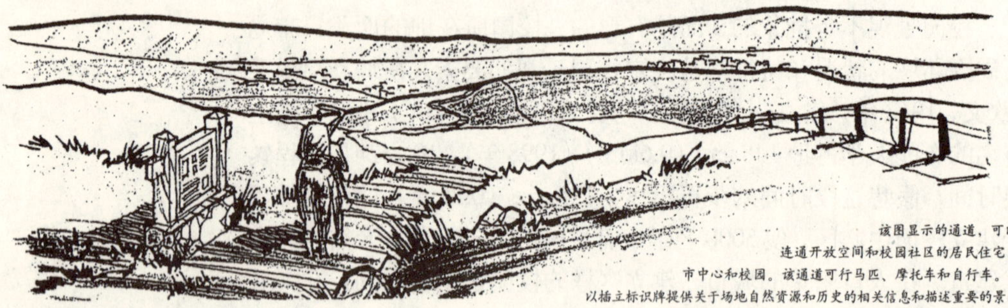

该图显示的通道，可以连通开放空间和校园社区的居民住宅区、市中心和校园。该通道可行马匹、摩托车和自行车。可以插立标识牌提供关于场地自然资源和历史的相关信息和描述重要的景色。

布局范围和变化的校园景观，1999年——加利福尼亚大学，默塞德分校

那些跟随校园景观潮流发展的学校正在密切注视着加利福尼亚大学默塞德分校新校园的发展情况。这个项目也许将是世界各地学府争先学习的典范。它们以美化高等教育学府为目标，力图在城市设计中将景观外在形式作为一个设计因素。在默塞德，校园景观设计方案包括充满活力的市中心/校园核心区设计，校园和社区娱乐场所的小径穿插于整个校园。 加利福尼亚大学默塞德分校提供；由理查德·斯科特讲解，特罗勒-迈耶(Troller-Mayer)社团；大学社区景观报告，1999年5月

校园景观不是抽象的，而是有形的。校园所在地的面积、布局及周围环境的状况和特征都是决定校园景观的要素。

达校园的任何地方。

从以上合理的建议我们得出一个基本结论：比例、周围环境、面积和布局是重要的校园景观设计因素，但是，地区差异并不是影响设计效果的不利因素。在康奈尔大学，林区、农业区在一侧，而城市在另一侧，构成一种别开生面、值得称赞的景观设计形式。在人口稠密的纽约，时装技术学院(Fashion Institute of Technology)根

据自己有限的可用空间进行裁剪，将城市街区、充满活力而喧闹的环境进行综合布局。伊萨卡（Ithaca）的湖区景色，曼哈顿的街道和庭院景色：每一所学校的景色都各有千秋。

1.8 风格

- 大自然的字母表仅由4个词组成，树木、水、石和土地。然而，仅仅这4个词，就构成了多种景观和无限种组合形式，这是用24个字母组成的任何语言所不能表达的。[阿道夫·施特劳赫（Addph Strauch），《春天的墓林》（The Spring Grove Cemetery），（斯普林菲尔德，1869年）]

- 对某些人来说，校园景观规划就是种植规划……一个杰出的规划……首先要直接考虑景观的效能、各种要素的有机结合，基本上实用。一个校园布局巧妙，美自然就会产生；通常有些校园规划没有明确的主旨，仅仅是堆砌很多装饰物。{阿瑟·H. 卡哈特（Arthur H.Carhart），《学院建筑物组合的巧妙和优美》[《景观建筑师》（Landscape Architect），1925年]}

- 我们建筑师用无生命材料工作。你们景观建筑师用有生命材料工作。因此，在某种程度上，你们比我们有更多权利和机会。为了使我们的建筑物有活力，赋予它们最好的表达形式，你们注定要与我们这些只能与死木头和死石头为伴的建筑师通力合作。我们彼此之间不能分离。这点在将来会显得更为重要。{拉尔夫·亚当斯·克拉姆（Ralph Adams Cram），《艺术的结合》[《景观建筑》（Landscape Architecture），1933年4月]}

- 景观建筑师必须考虑建筑物和环境、地形、方向、步行道、马路、植物之间的关系。为使建筑景观与自然环境和人为环境融为一体，他必须考虑气候的影响及土地、植物、水和建筑材料之间的关系。[A. E. 拜伊（A. E. Bye），《艺术之于景观，景观之于艺术》（Art into Landscape，Landscape into Art）（纽约，1988年）]

无论是校园整体景观还是局部景观，风格的选择是设计的一个决定因素。尽管景观要素（树、灌木丛、地面覆盖物、铺路材料）具有通用性，但是人们会发现风格要素的使用和安排是多种多样的。

在品位、时尚和潮流方面，景观应服务于建筑物，如同通托（Tonto）服务于孤独者一般——稳定、安全，又可靠。第一批在专业上被培训成景观建筑师的设计师（大约在19世纪中期）的作品是按美式风格加以区分的。以勒诺特（LeNotre）（规则）和凯佩比利特·布朗（Capability Brown）（不规则）为代表的英吉利海峡两岸法、英两种景观风格的争议，一直是景观设计杂志和书中讨论的内容。在当今的杂志和专业会议上仍然可以见到不同观点的讨论：规则型的对不规则型的，简单对复杂。从理论上也可以明显地看到，当代知名景观历史学家和学者并不认可这种划分方法（规则和不规则）。他们发现，人类学、社会地理学和人种学研究中采用的比较法是非常重要的方法，此法可以解释景观设计历史中一些微妙的神秘因素如何影响风格的形成、效果、涵义、变化及其实用性。

简单阐述一下完全对立的风格。风格论——学术上的叙述和解释——范围太大以至于不能用简单的几句话表达出来。校园景观建筑学作为风格艺术形式至今尚未找到业内的班尼斯特·弗莱彻（Bannister Fletcher），伯纳德·贝伦森（Bernard Berenson），或是西格弗里德·古提翁（Sigfried Gideon）。他们对建筑风格的解释方法并不适用于景观设计，当然也不适用于校园，校园里有大量的参考性文件和素材。当前需要全面讨论典型校园景观风格，点评那些参与设计的人，包括设计者和改造者、赞助人和主要负责人、宣传者和拥护者、合作者和仿效者、潮流的领导者和跟随者。历史启发人们探讨那些各种风格之间的关系及其结果，包括已经定格了的和正在流行的风格。前者是指那些特殊的时刻：大学或学院意识到自己处于具有历史意义的景观中，该景观应该得到尊重和保护。后者是大学或学院认识到，一个新的表达形式是适宜的和令人满意的，它并不是替代现有的珍贵景观，而是锦上添花。值得提倡的是，几种风格的景观并存，欣赏此景犹如欣赏一个立体文化遗产，譬如，联合学院（Union College），约瑟夫-雅克·拉梅（Joseph-Jacques Ramée，1812年）设计的规则式的景观和艾萨克·杰克逊（Isaac Jackon，1831～1877年）设计的如画般的花园相毗邻，两种风格相映成趣；二者之间是一狭长的当代校园景观（见第172页）。

现在再接着探讨风格。法式风格是按几何图形布置空间和植物。树篱和砖石墙沿地面按棋盘形状布置。树木和植物均被修剪，按行排列，整齐划一，如同等待元首检阅的军人队列一样。可以这样说，专业的设计方案表明了，自然并不可怕，它是艺术表达的媒介，它是可以被控制的。具有讽刺意味的是，有些非常气派的规则式花园，如凡尔赛（Versailles），附近也有一个为统治者建立的人造的自然庇护地。安托瓦妮特女皇（Queen Antoinette）可以以这里为背景演戏，扮演牧羊女，以至于迪斯尼乐园的经理和设计者也会羡慕乡村生活竟可以仿造得如此逼真。

在法国，崇尚形式的设计风格贯穿于现代主义思想的形成过程中。在第一次国际园林建筑师会议上，一位资深的法国设计师谈道："现代花园的建造，目的明确，就是通过规则式布局，创造规矩和秩序，以矫正动荡不安的政局。"反映立体派和艺术装饰花园设计运动的现代设计，尽管已经认识到其研究的必要性，但是重要度却被低估了。这个消息对克里斯托弗·滕纳德（Christopher Tunnard）来说是鼓舞人心的，那时他正向英国的同事们汇报"其他国家正在研究什么"（《景观与花园》，1937年夏）。当滕纳德看到，人们不再固守于规则或不规则的传统标准，他非常激动。他认为，未来的设计者，"将不再重视陈旧的模式或是人为的理论，它们已不再适合于我们这个时代。未来的设计者会自由地选取任何时代的任何艺术形式去激发创作灵感，根据个人需要，随意表现"。

布朗的作品独树一帜，风格简洁，引人注目，在天然的或人为的起伏地形上呈现的是一片乡村景色，挥洒自如，沁人心脾，与大自然水乳交融，看不到任何矫揉造作的痕迹。法国人以几何图形种植树木，英国人则按布朗式设计，没有任何规矩，成簇种植树木，或偶尔设置个规则的图形，像在如画风光的散文中点了个标点符号。如同战争中缴获战利品一样，18世纪的赞助者们进口了一些树种栽种到校园，亚洲和北美树种丰富了当地的设计形式。兼收并蓄自会有其优势，早期体现在文艺复兴时期大学的科学花园中，后来体现在美国。

正如刚才谈到的，传统的景观风格是以对立形式来表现的：规则对不规则，乡村对城市，古典对现代，斑斓的风景对规则的几何形状。如同绘画和雕塑，风格的轮回在历史上总能找到前例和先行者，总是在发现—重新发现的循环中变幻。美国校园景观风格的变化就是周期性的：布局匀称的杰斐逊式，奥姆斯特德的田园牧歌式，布局不规则、环绕式的哥特式建筑，古典装饰线条，风格随意的花园式校园，米森形式，现代硬质结构与软质结构的对比。似乎任何人现在都可以将前缀"neo（前）"或"post（后）"加在古老艺术风格前，给予重新解释，热情提倡。

从风格上讲，很少有校园是单一形式的。马赛克多样式的更为典型，各部分景观表达形式都不相同。风格上的多样性也许具有教育价值。校园景观可以被认为是分层历史，我们的方法就是：尊重老思想、欢迎新思想，犹如为风格图书馆里增加了一本新书。

从风格上讲，很少有校园是单一形式的。马赛克多样式的更为典型，各部分景观表达形式都不相同。风格上的多样性也许具有教育价值。校园景观可以被认为是分层历史，我们的方法就是：尊重老思想、欢迎新思想，犹如为风格图书馆里增加了一本新书。

为什么欢迎新思想？因为新事物意味着新颖、别开生面、现代——从本质上说，是始创的。在一个纷杂的世界里，自然资源正以

风格：美式景观——哈佛大学

在哈佛大学院内，树木和草地的不规则布局是美国最古老的校园景观风格——在整个美国受到宠爱、被人效仿、模拟。最近，专业景观建筑师分析了该景观模式，以便给那些致力于景观扩展、替代和维持的人们提供一种方法。R. P.多贝尔摄影

极快的速度消失，网络带来的烦恼加重了人们的心理负担，为什么不保持、美化和扩大母校的绿色植被，创造舒适的、人们熟悉的校园环境呢？对于致力于进步和变革的学院来说，新风格具有象征性意义。学院应提倡新艺术形式。新景观风格的形成也是进行艺术培养的过程。新鲜事物还可以缓和文化差异或是文化偏见。一个标新立异的校园景观也会为正在寻求发展的学生们注入前进的动力。“Parega”(意大利语)，即令人赏心悦目的景观，总是备受欢迎。在许多美国校园里，“美式景观”是这种令人们喜爱的景观的标签。

土地管理者和苗圃员工为了填充空地，在建筑物附近种植树木、草及各种植物，目的是掩盖不协调的景观，或是给行人指引安全路线。不经意间，大面积如画般的美式校园景观就这样形成了。尽管布局不规则，但是景观形成的风格日趋成熟，经久不衰。这种美掩盖了原来景观建设时求实效、求直观所带来的弊端。舒适、安全、价值高，无论从技术上还是从美学角度都是无与伦比的。

什么样的景观是新颖的？这样的景观应该设计在哪里？答案在不同的校园景观范围：校区周围的较为广阔的地面、整个校园、局部校区、规划区和装饰区。

第一个领域似乎是理想的，每个设计者的理想都是能够将校园和社区结合成某种静止的设计框架。这种理想在初次建设时根本不可能实现，除非景观美化项目的要求、风格和技术都已经定格，不再更改。20世纪之交，牛津大学四方形结构景观已成为指导改建华盛顿大学圣路易斯分校［Washington University（St.Louis）］和芝加哥大学的范例。这些改建计划得到大学建成时期的赞助者支持。但是对原规划进行缺乏说服力的附加和变动，使其风格大打折扣。

我们认为，这又是大学的景观设计面临的一个挑战。如何平衡、保持现有艺术形式（即处于最佳状态的景观），与鼓励支持采用新艺术形式之间的关系？新艺术形式是什么？蒙彼利埃大学（University of Montpellier）的树木按外观布置，植物按拉丁字母布置，还设置了人造堞眼的凸廊和拱廊，这个16世纪的花园很像当今那些风格怪

美式景观：局部改变——新墨西哥州立大学

这里的树木和地面植被是根据感觉布局的，这种美式风格的局部变动从视觉上改变了这个地方的景色。R.P.多贝尔摄影

异、引人注目的景观。就风格简洁来说，牛津典型的17世纪基督教堂无可匹敌。

乍一看，20世纪中期的新校园似乎有许多别具风格的景观，如美国空军学院（United States Air Force Academy），欧登塞大学（Odense University，丹麦）和东南马萨诸塞大学（Southeastern Massachusetts University）。但是，在这些例子以及其他同类著名现代作品中，新面貌都重述着旧概念。景观是植物地毯，是建筑的陪衬。植物按照人们的意志遍布在校区，体现着人们对大自然的渴望。许多景观建筑结构应用传统方法设计：直线形、简洁、平坦的土地、预测好的空间顺序、草地与石铺地或砖铺地的结合使用。在乡村风格的景观中，福特希尔斯社区学院（Foothills Community College）将其布局与地形紧密结合。其庭院及相连的绿色景观，少了几何形状，却多了几分神韵，——这是传统设计的精心改编，但并未刻意追求极端的创新。当然，并不是期望任何设计都达到那样的水平。在空军学院，掌管该项目资金的委员会主张采用现代建筑风格，通过详细描述落基山脉（Rocky Mountain）风格的传统景观，才说服反对派。

当构思一个局部地区的景观形式时（与整个开阔校园形成对比），采用全新的景观风格形式表达，也许能使其与整个传统风格形式形成对比，达到出乎意料的效果。因此，新颖的景观设计包括树木、灌木丛、地面覆盖物、铺路材料、岩石、雕塑对象、户外装置（结构）、喷泉、墙壁和门的各种排列组合形式。地形应是起伏不平、非常陡峭的。

根据白昼变化的情况，用电脑控制照明装置。就像特殊时刻的舞台布景，景观的动感变化可以时常出现。所有这些将会不同于——（让想像力和经验完成下半句话）。

上述的局部景观设计方法也能应用于特殊地点的建筑项目，即新的建筑理念也可以是完美的校园景观。劳林·奥林（Laurin Olin）设计的维克斯那艺术中心（Wexner Center for the Arts，俄亥俄州立大学）就使用了此方法。形状规则的主题花园（如纪念某个人或某事件）是一个很有前景的领域，可以像特殊区域艺术景观那样采用新设计风格。

对有些学院来说，任何背离正道都是扼杀文化。追求设计、方

文艺复兴时期的作品（右页图）——基督教学院（Christ Church College），牛津

校园景观风格在简单（右下图）和复杂（右上图）之间变化。每一个时代都诠释着各自独特的审美观。 *作者收藏*

蒙彼利埃大学

法以及效果上的一成不变也许会再一次引起审美战争。约翰·米勒(John Miller)的《自我至上：自我陶醉和新景观》(Egotopia:Narcissism and the New Landscape)[塔斯卡卢萨（Tuscaloosa），1997年]提出早期警示：有些评论认为，艺术形式民主化产生了“以自我为中心的热情”，这会玷污和贬低了长期以来备受尊重的审美标准和时尚标准。那么其他方面呢？有些人认为，设计学校必须了解到“人们对反映社会不同个体的景观和艺术作品加以理论化和制作的兴趣在不断提高。”[会议评论，1997年建筑设计院校协会（Collegiate Schools of Architecture）举办的大会]。这种设计形式是“新型模式”，它将“通过建筑物的个性而非共性去协调种族、性别、种族划分、性特征。”校园景观是不是又要跟随建筑物的发展潮流？说得更明白些，校园景观能不能更好地体现目标多重性、多样性和普遍性？

要识别一个不了解的景观设计，就不可避免地要提到标志性设计。每种设计都有一个区别性的标志，斯图尔特·戴维斯（Stuart Davis）油画中的明显标志“X”，杰克逊·波洛克（Jackson Pollock）的花边织物，路易丝·奈维尔逊（Louise Nevelson）的雕刻装饰艺术品，或是考尔德（Calder）的机动车。每一种设计风格在外形和材质上都不尽相同，因而很容易从其独具的风格上分辨。从广义上来讲，所有的设计都归于当代非绘画艺术作品。校园景观至今还没有一个完全相同的，也就是说，设计者思想的三维体现虽有重复，但总有变化，是这些变化吸引了人们的注意力，成为其作品的标志，尽管某些当代设计者能够创造出这样的标志性的杰出作品。两个与本书有关的作品是由乔治·哈格里夫斯（George Hargreaves）和彼得·沃克（Peter Walker）分别设计的。在辛辛那提大学的图书馆广场，哈格里夫斯设计了一系列细长霓虹锥形物，像树一样的葱绿，点缀在草坪上。广场是停车库的顶层，用传统的植物材料装饰该地费用较大。而且，这样的设计很有标志性。铺路材料按斐波纳契数列螺旋排列，体现了大自然的完美与人类对知识的不断追求。沃克设计的哈佛大学陶布曼喷泉（Taubman Fountain）（由海边巨石和喷水嘴构成的不规则圆形）是一部四季常新的景观。在夏天雾状喷水凉爽宜人，冬天的冰冻会在瞬间产生雕塑效果。其总体风格使人们很自然地联想到某些抽象的地区性标志。

在上述引用的这些实例中，其别出心裁的设计风格可能会使传统的保守的设计者不安。不拘一格的设计思想将会影响他们对景观适合性的判断；固守传统的思想将被挑战；作为艺术，其本身的价值将会受到质疑。某些新设计风格属于马修·阿罗尔德（Matthew Arnold）的“真正优秀的一代”。另一些则如昙花一现，开始作为一种风格被广泛接受，但是后来却发现只是时尚潮流的垃圾品。更为棘手的是那些学校老师们的作品。被认为是出自于德高望重的教授之手的作品，一旦被外地区人们看到，却认为这些老师仅仅是三流艺术家。当时光逝去，他们的作品变得陈旧、过时，且被认为是模仿他人的优秀作品，他们怎么尽职尽责地装点草坪和庭院呢？

对某一事物发表更多的见解从来都是不容易做到的。谈到校园设计决定因素的新风格，《当代景观建筑》（Modern Lanscape Architecture，剑桥，1993年）介绍了一系列颇有创见的文章，作者马克·特雷伯（Marc Treib）认为建筑思想的发展“落后于美术思想15年，景观建筑又落后于建筑15年。”他的这一断言需要进一步解释。其实，所有的造型艺术之间都有联系。所以，对于特雷伯的看法，根据作者以前的老师、有名的艺术家艾德莱因哈特（Ad Reinhardt）的作品，我们做一下说明。有些艺术本身就已经很完善了，莱因哈特的晚期绘画作品就是一个例子。他声明，他的画架画是“完美的、抽象的、非写实的、永恒的、不变的、不相关的、无偏见的。”校园景观设计的极端性在于，有些作品因为存在而存在。

辛辛那提大学

简单风格和复杂风格——堪萨斯州立大学(Kansas State University)

当代风格的变化：辛辛那提大学的庭院摒弃了传统景观设计要素，在一特定场地展现了非传统的景观风格（见49页）。在校园设置长凳、花池和喷泉，是堪萨斯州立大学场地设计的大胆尝试。 R.P.多贝尔摄影

这样的设计是否应该存在是有争议的。用评论家布雷达·布朗的话说，有些作品不仅“明智、诙谐、有见地、美”，而且“刺目、扭曲”。我们认为，也许正是后者阻止了新风格的广泛流行，因为校园设计的主要目的毕竟是提供舒适的环境，而并非表达理性冲突。

依据环境、地形，校园景观的提倡者以及实施者和设计者的审美观，可以实现五种类型的校园景观风格。这五种类型是：

- 景观设计应服务和支持功能，例如，户外休息区或位于装卸月台附近的看得见的栅栏
- 根据地区生态环境设计景观，例如，根据当地气候和地形设计植物园或大片植物
- 仿效和诠释保留至今的景观艺术形式，例如，在临近的新四方庭院建立新景观或延长景观步行道
- 反映校园遗址历史的设计，例如，纪念性广场或毕业生钟楼

和花园

- 当代艺术的个性化的表达，如同莱因哈特绘画般的校园景观

其中某些类型可能会有重复交叉设计，这样能提高原有风格的价值，使其延续并得到更多人的认可。也许有时候也能促进保护、重建、美化、保存校园景观事业，因为校园景观的特殊性已经被广泛认识到。

1.9 规划

▶ 制定各种详细方案，以使将要兴建的建筑物能够满足大学现在的需要，是不可能的……但是可以简明扼要地规划如下……显然，作为校园生活不可或缺的一部分，学生的要求、教职工、校园布局都是主要的考虑因素。有一种观点盛行，就是如果这些想法和需要都能被满足，新·霍利奥克山学院（Mount Holyoke College）就能保持古老的霍利奥克山的美丽景色，而且校园规划得越好，这里的景色就会越美。[阿瑟·A.舒特莱夫（Arthur. Schurtleff），《霍利奥克山学院校园发展规划》（Porgram for Campus Development of Mount Holyoke College）（《美国景观建筑师》，1930 年 1 月）]

▶ 热情而不失高贵，华丽而不失优雅，生动而不失自然，整齐而不失富饶，博爱而不失成熟，注重局部而不失合理性。[詹姆斯·弗森顿 James Fressenden，《福尔特希尔学院——认识环境》（Eoothill College-Environment for Learning）（埃内斯特·J.克龙普联合工作室（Office of Ernest J. krump and Associates），1961 年）]

▶ 规划就是意图的传达，设计者和其业主之间的正式交流，以保证准确理解和表达业主的需求和价值……一个操作程序用以系统化设计过程……参与设计人员审查一系列条件。[亨利·赛诺夫（Henry Sanoff），《建筑设计方法》（Methods of Architectural Programming）（斯特劳兹堡 1977 年）]

▶ 规划有助于设计者和设计对象之间的交流……（是一个过程），传达和系统地部署一个组织、群体或个人的任务和目标……产生一个有效的、功能性强的建筑物或设施。[沃尔夫冈·F. E. 普赖泽尔（Wdfgang F.E.Preiser），《规划已建环境》

(Programming the Built Enviroment)（纽约，1985年）]

▶ 设施规划已经成为管理工具，用于检查各设计和实施阶段的文件和方案，目的是为了平衡项目要求、设计方案、设计费用。设施规划成为行动指南，使项目顺利进行。[阿瑟·J. 利茨盖（Arthur J. Lidsky），《项目实施可行性》（Making Projects Feasible）（贝尔蒙，马萨诸塞州，1992年）]

图表是设计者的程序化通用工具。当较大规模景观设计的创造性灵感付诸于实施时，图表会显示出它的用途。加布里埃尔·爱泼斯坦（Gabriel Epstein）的兰开斯特大学（University of Lancaster）新校园的草图（1964年）明确地表明了设计项目的目标。大型结构占据了整个地形。植被或铺路石面组成的庭院里矗立着高高低低的建筑物。坡道主要为草地或运动场设计。树林，"部分是原有的，部分是新种植的"，绿化带位于校区的东侧，用来降低公路上的噪声和减振。在西侧，树林成为主要路口的分界线，空旷区的道路清晰可见。

如果以简明的方式表达，某一部分景观布局也许是整个景观设计达到最佳效果的关键。萨塞克斯大学（University of Sussex，1962年）种植了一排排山毛榉树，巴兹尔·斯彭斯（Basil Spence）先生的这一设计被认为"将规范整个大学布局，所有建筑物都不得高于这些树"。正在实施当中的规划照片将有力地说明设计者的意图。

1930年阿瑟·舒特莱夫最早引用了"规划"这个词，在他的文章中，"规划"这个词是报道性的，而不是一个客观、详细的设计要素清单。在以后的日子中，"创造性文章101"（Creative Writing 101）激活了无数的规划设计项目。设计者能否设计出如同福尔特希尔学院诗一般的方案，也许还是个问题。在这个例子中，谁有天分谁才能胜出。从设计开始的那天起，就有很多的景观"提供了吸引人的、自然的、随意的聚会地，并且其布局与教学区紧密地结合起来——目的是为了让学生们的每一天都生活在学术氛围中"。它也是一种绿色设计，自由、真实、现代，是20世纪社区大学成熟景观典范之一。

在20世纪70年代及其以后的时期，戴维·坎托、杰拉尔德·戴维斯、沃尔夫冈·F.E.普赖泽尔和亨利·赛诺夫的著作与研究以及其他环境设计专家都认同规划是建筑设计一个因素。然而，特别是在规划阶段，景观建筑至今还没有与结构规划理论及设计方法应用同样被重视。

似乎并没有一个固定的风格模式适用于所有时代和任何地方。

对于重视集体事业的学院和那些经常需要交流信息和共同决策

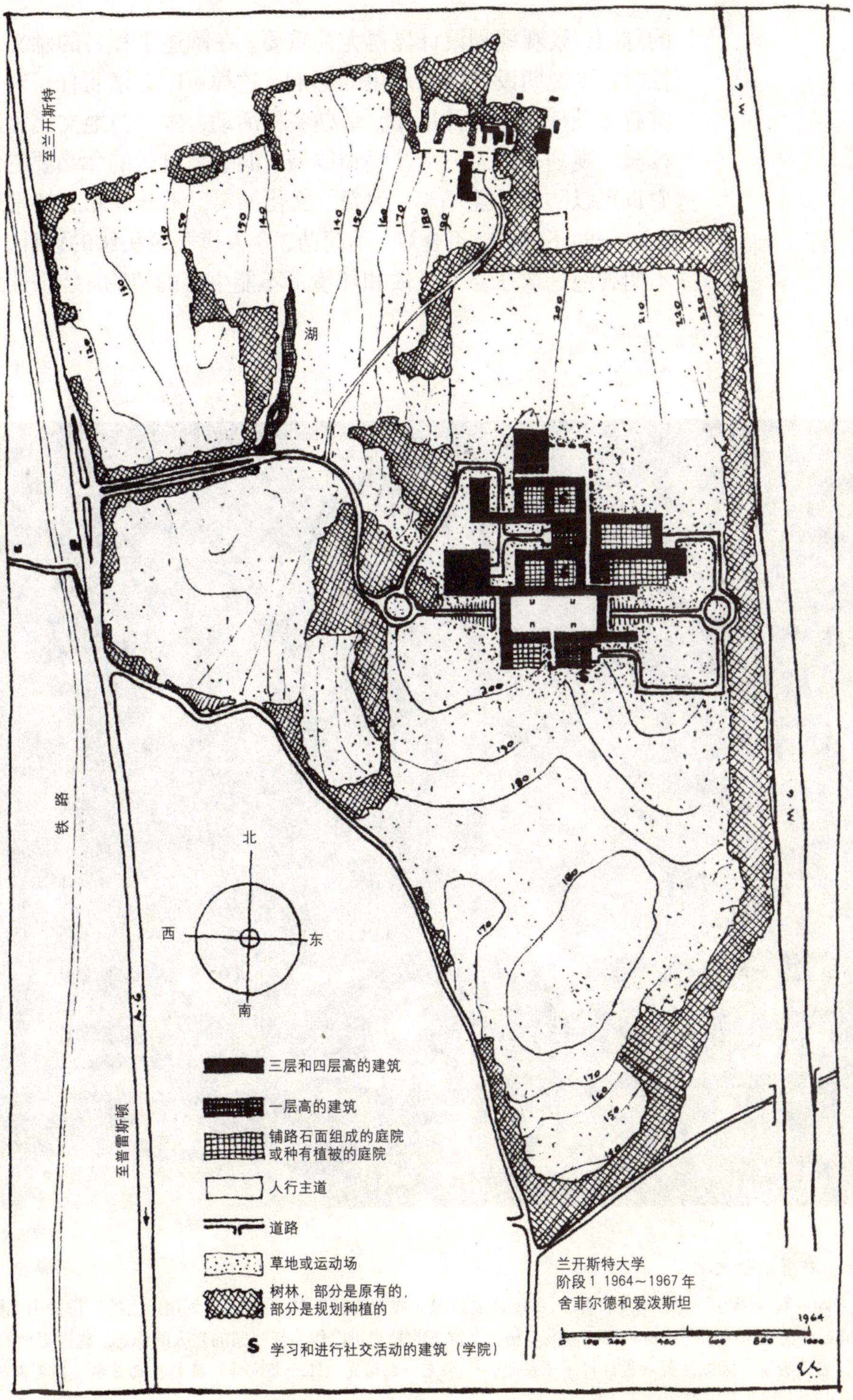

规划图——兰开斯特大学

在这个简单的图中，概括出校园景观目标，形成了舍菲尔德（Shepheard）和爱泼斯坦的总体设计。类似设计可见约克大学，第33页。 作者收藏的部门，景观规划设计显得尤为重要。在阐述工程目的意义和必要性时，要说明设计结果产生的影响，这样可以分清责任。对于一个具有多项任务、多种用途、举办多种活动、体现当地文化和习俗的校园，规划，作为一个过程和结果，似乎是有效的和必要的。至少它也可以防止功能不当、浪费、文化冲突、不合理和有悖常理的现象——即不恰当、不合算、不简洁、令人摸不着头绪的设计。例如：不明智地选取在当地气候和环境下不能生存的植物；装饰性路面由

慧眼——萨塞克斯大学

第一印象就能产生一些结论性的看法，那就是要系统地规划校园景观。看到在规划用地上的一排排山毛榉树，巴兹尔·斯彭斯先生认为所有建筑物都不能高于树，保留下的景观可以作为新校园的宜人的标志。建设工地的场面证实了设计者的敏锐，为以后景观设计打下了基础。 亨克·斯诺克（Henk Snoek）摄影；巴兹尔·斯彭斯提供

识别设计空间（右图）——路易斯安那百年大学（Centenary College of Louisiana）

综合性现场分析可以发现从规划角度上需要保留的景观和有待发展的景观。在这个例子中，后者的边缘地区显得凌乱有碍观瞻。解决办法：美化停车场。 多贝尔-利茨盖-克雷格联合股份有限公司提供

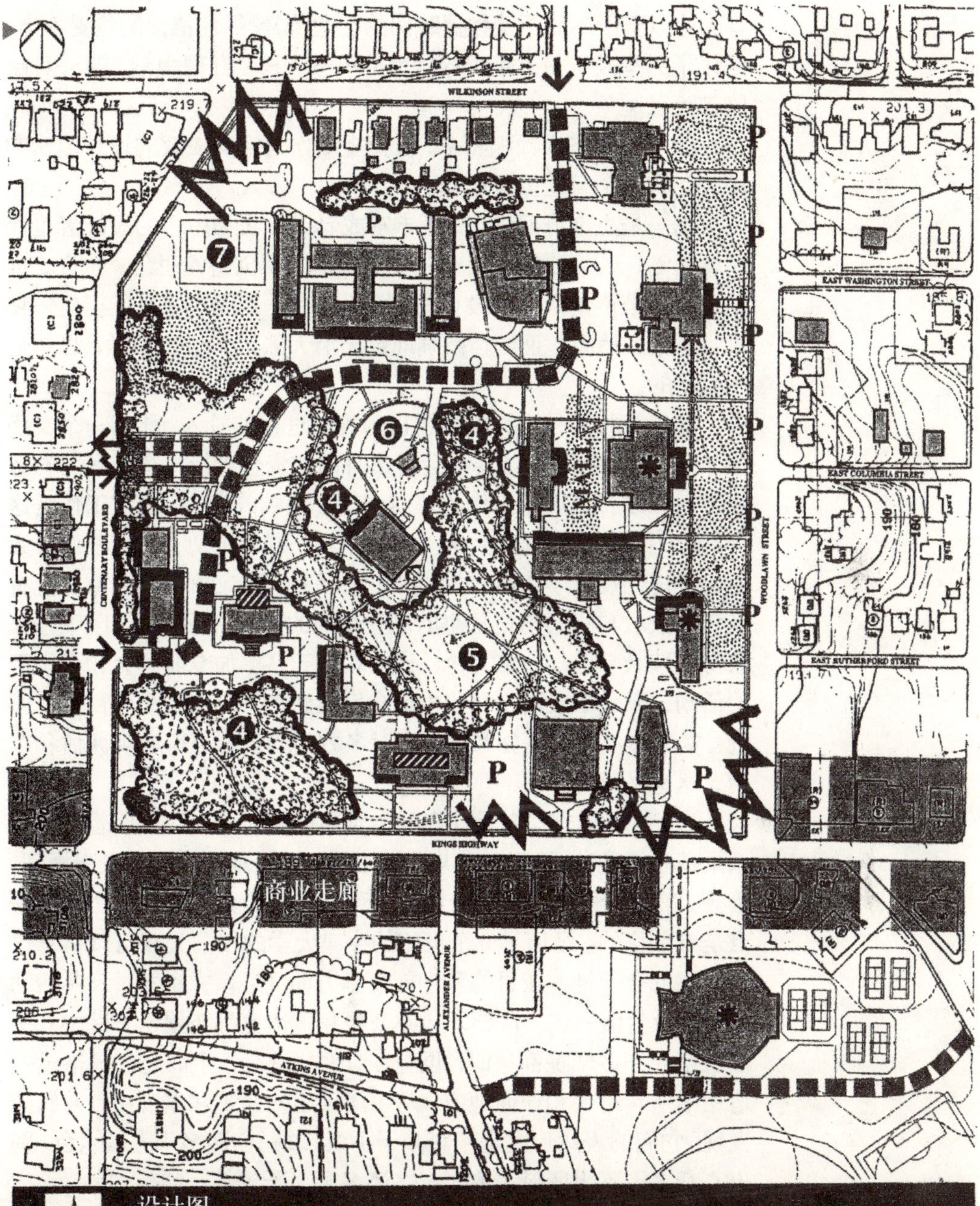

设计图

路易斯安那百年大学

多贝尔-利茨盖-克雷格联合股份有限公司

- 学院建筑
- 明显的正立面
- 花园
- 树木
- 开放的绿地空间
- 聚会场所
- 校园车道
- 轴向视图
- 不整合的边界
- 地界标
- 入口
- 标识牌

于坡度不均翘起和裂缝；庭院建在风口；座位陷入胶土区；交叉路口太窄以至于不能承受换课时间的交通流量；绿色植被的位置不当，挡住了那些或精美或粗犷的优美的风景。只要合理规划，每一种缺陷都可以避免。

以乐观的态度预测将来，在把规划作为富有成效的设计因素的地区，有两个问题需要提醒。

第一是态度方面。经验不丰富或者以自我为中心的设计者也许不愿规划，认为那是推卸专业责任或是阻碍创造性思想。也许，根本原因还是惧怕最终的设计规划如此全面，最终也许只能产生一种设计方案。然而，正如想精确地数出沿大陆架的沙粒一样，恐怕是不可能的。

第二是将两种设计研究错认为规划过程的投入。作为一个实践性课题，很少会有设计委员会提供时间和资金支持一个长时间的系统研究和以日常规划工作为基本内容和原则的调查。这类工作是这样的部门做的，如剑桥大学土地使用和布局研究协会，新墨西哥大学建筑规划设计学院研究发展中心。另外，专家既然是专家，就有责任去获取和积累与他从事的职业相关的知识。可以通过以下方式获得继续教育：与同事讨论、读书和期刊、参加专业协会和工作组的活动、听取专家建议和业主的启发性建议、对已完成项目进行评价、实地参观获得新知和思想、对多方面的经验进行客观评估和应用。这也是研究。

自相矛盾的是，在设计规划中对预期的规划方法和理想的布局效果精心阐述，比仅仅规定某种风格可以更好地指导校园景观规划。因为，不同风格能够适合于任何一种具体功能和环境，虽然对这一点是有争议的。经历了五个世纪的牛津大学的校园景观可以检验这种观点的合理性。在目的和功能要素方面（卧室、食堂、公共活动区、小教堂图书馆、指导老师办公楼和传达室都布置于方院中）牛津大学的许多学院都类似，但是，似乎并没有一个固定的风格模式适用于所有时代和任何地方。从牛津大学的建筑和景观中，人们会发现：它们的表达形式是精彩多于平淡，单一色调多于五颜六色，别出心裁多于不出所料。形式上多姿多彩多于千篇一律。

规划有助于设计形式区别化的调查。在美国校园，通过不同风格的使用，学生宿舍区的景观比中心校区的更容易处理。中心区要求景观形式和特征持久耐用，并且具有象征性意义。而学生宿舍区以宁静、安全、社区形象为特征。运动场和娱乐场按游戏和竞赛规则设定其大小布局。停车场可以按规定标出管理区和便利区。环形网络中心道路与小路区别划分。视觉效果与空间排列顺序同样可以规划。在校园穿行的过程中，还可以增加设计经验。景观，正如舞蹈设计一样，是一个合理的、可实现的目标，这一点菲利普·泰尔(Philip Theil)在路标注释系统《人，路，目的》(People, Paths, Purpose, 西雅图，1997年）中有过论述，对我们很有教育意义。我们以前谈到过植物象征性的使用方法，根据当地人文历史选取和种植某种树木，作为当地历史的象征——这也是校园景观规划中的考虑因素。

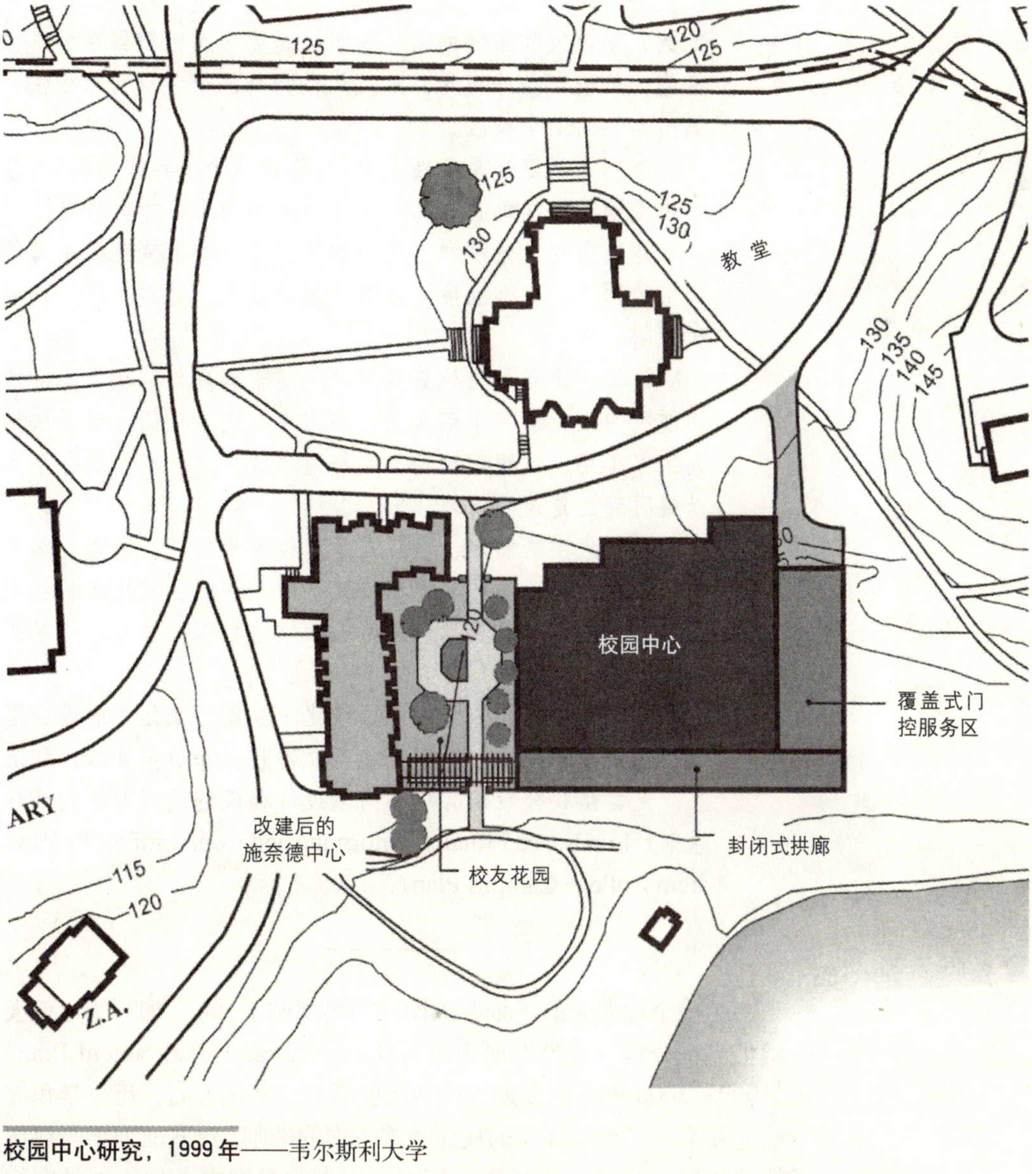

校园中心研究，1999年——韦尔斯利大学

正如可以从一个建筑物开始规划设计，同样也可以从一个地点开始。在这个例子中，新景观要素（校友花园）是新建地区和改建地区的分界面。 多贝尔-利茨盖-克雷格联合股份有限公司提供校园景观规划也可以被概括成准则，列为设计标准或者工程设计说明书。现有的校园规划准则可能提供了典型案例分析。评价方法和效果图的结合是一个富有成效的起点。譬如，凹凸不平综合症。植物区的边界能觉察出的和已记录下的间隙及校园边界处看得出的缺陷处都可以用制定的标准和一系列措施加以弥补，设计一个美观工整的周界。

新校园的规划原理也许应以描述性的语言表达、预测、指导以后的设计，如范例大学一个项目的摘要中的叙述。

▶ 范例大学建筑和景观的设计和组合是要表达强烈鲜明的地方特色；从校园整体布局、建筑风格和总的景观就可以很快辨识出大学的某个校区。

范例大学建筑是人性化设计，不能高于成年树的树冠，最大限度地减少向垂直方向伸展，而增加向水平方向扩展。

建筑布局、景观和循环系统都应考虑季节变化因素可能产生的影响，包括温度、湿度、风的模式、微观气候、向阳和背阴。

设计的重点是在风景区修建从建筑到户外区域之间舒适和便利的人行道。车辆从主要公路进入大学校门，能很快地到达停车场，过境车辆是不允许通过的，急救车和服务车可以随时到达建筑和场地。

范例大学将修建、设置自己的校区步行道、道路、铺石路、户外设备、照明和标识物，目的是加强区域感，从视觉上给人以提示：这里已经是范例大学的校园，或者，已经进入校区了。

大学校园与相邻居住区以绿化带分界，绿化带的设计要与当地的景色协调，不可产生视觉冲撞效果。[多贝尔、利茨盖、克雷格联合股份有限公司《设计和规划范例大学的景观原则》(Landscape Principle Informing and Configaring The Paradigm College Campus Plan)，1998年]

另一个按照总的规划要求设计的典型例子，可在加利福尼亚大学伯克利分校《长期发展规划》(Long Range Development Plan)(1999~2000年)中查到。该书从规划上、文化方面、历史学角度确立和阐明了设计翔实的校园景观方案的准则。这些准则要与现场特殊情况、生态反应措施一起写入规划的总则中，如韦尔曼庭院(Wellman Courtyard)的重建和与多伊和莫菲特两图书馆(Doe and

Moffitt libraries）地下扩建部分相连的中央林道（Central Glade，一道有历史意义的景观）的美化。书中还确定了以前关于保护和建设三个主要校园自然区的决定，这三个区被标明为生态研究区。该书用伯克利的语言清楚地告诉人们什么是应该做的，什么是应避免做的。

不是每一位业主都有足够的智慧来进行实际的设计研究。不是所有的景观要素都能集中量化分析。在费用和时间不充裕的地方，关于价值工程的全面讨论还是有用的。

另一个例子是康奈尔大学。设计大师威廉. J. 莱瓦克（William J. Rewark）想把学院变成这样的地方：在这里“标准是极其精确的——学问标准、学术质量标准、各种艺术要素表达的标准”。康奈尔规划指导方针提出了准确的设计要素。因为该方针考虑了气候、学院区大小、资源、过去的经验及文化产生的影响，因此，康奈尔大学给设计者提供了一套精明的指导：设计五种树的排列方式，这样有助于加强对该地区的认同感，有利于发展未来校园景观。他们提出的“设计理念”包括样本种植（树作为雕塑品），园中小径式（侧边环绕和直线排列），大面积种植（集中种植树木产生集中视觉效果），顶棚式和伞状式（地面视野控制和/或雨伞效应），障碍式种植（阻挡视野及沟通）。

随着设计方法从广泛到具体，价值工程成为一个规划因素，即合理量化规划项目的信息。罗伯特 · 格罗特（Robert Groot）谈到，价值工程是“以最少的经济和社会影响、最低的成本解决问题的艺术”[《景观建筑评论》(Landscape Architectural Review)，1986 年 9/10 月]。他的多变量包括材料、建造方法、维护、高效工作、节俭生活、环境费用、经济费用和社会接受情况。根据具体情况，他的每一个变量都能够被解释、描述或量化。格罗特写道：“经济学、生态学、社会效应和审美学……都是合理的，依据它们可以做出最优决策”。同时他也是现实的。他暗示，不是每一位业主都有美国国家航空航天局或奥林匹克委员会工作人员的刚毅和智慧来进行实际的设计研究。不是所有的景观要素都能集中量化分析。在费用和时间不充裕的地方，关于价值工程的全面讨论还是有用的。为了鼓励大家全面应用价值工程，格罗特列举了跟校园相关的例子：座位区。如果不是用于别的目的，校园应该是一个能坐下来观赏、学习和社交的风光美丽的场所。接下去，我们来解读格罗特的与校园规划设计因素有关的长篇文章。在规划过程中，运用这个方法需要先列出坐椅的目的和功能清单：休息、思考、读书、观景、观看、交谈、吃饭、等候、个人和群体活动。答案产生各种选择方案和决策方法：数量、类型、座位区、摆放顺序，如垃圾箱、灯光、安全性、使用密度、设计适宜性、维修标准。要制定项目预算目标和限量，在购买坐椅和布置方面，项目预算是一个重要变量。因为，在工厂设计方案和高级设计方案或是现场定制坐椅设计方案之间，可能会有750%

的误差。

重述一下：规划中所含的信息应该全面，包括所有能指导、导致预期结果实现的内容。明确规划目标（“实用主义”体现在迈克尔·范瓦尔肯堡的1998年伊利诺伊理工大学校园景观杰出规划中）可以使业主了解问题及其解决办法。有时候，作为项目说明书的一部分，规划必要因素可以呈现三维形式；在吉尔摩·D.克拉克（Gilmore D. Clarke）的文章《砖石建筑结构概述》（Notes on Texture in Stone Masonry，《景观建筑》，1931 年 4 月）中有具体的例子可以说明。

克拉克的问题：选择贴面石材建桥，使桥“与周围环境协调一致……给人一种印象，桥是所在地面的一个组成部分。这种安排方式并不是说，任何两种结构应该曾经是一样的，因为没有两个地点是完全相似的。”克拉克认为石造部分有两种协调方法：根据尺寸和形状雕刻的精美石材或是高低不平的石材，看起来似乎没有很好地加工，其实是刻意做成的。材料可以从当地、附近地区或远处的采石场选取，或由从各地采来的材料混合而成。克拉克的解决办法是：为承包者绘制的图应辅以景观建筑师想象中的现场样图，这才是一

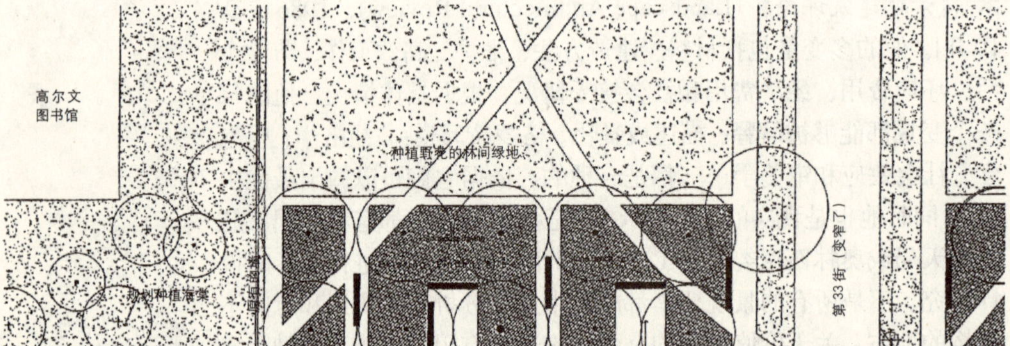

规划图——伊利诺伊理工大学

对问题和潜能实事求是的图解，有助于业主了解项目设计的目标和要求。迈克尔·范瓦尔肯堡提供

个全面的规划说明。他主张使用样本中的精美结构，将其作为指导标准和评价标准，也可以作为解决承包者之间分歧的依据。

正如所看到的，校园规划或项目规划还没有像建筑学一样达到了成熟阶段。简单化可能会导致没根据的抽象化。为求表达和使用上的方便，一些不切实际的目标可能会破坏复杂精美的布局。作为加利福尼亚社区大学的样板，这个精心设计的景观规划图很有启示意义，它充分运用了某些通用原则和标准。在这个实例中，规划图

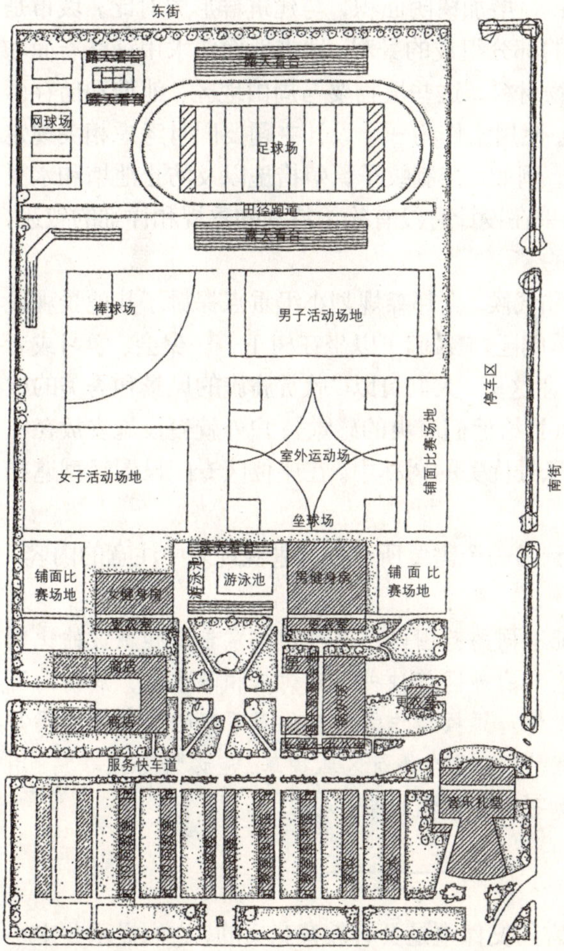

规划图，1946 年——州教育部，加利福尼亚

表明了景观之间的功能性关系。有些不够翔实的规划图在规划地区实现景观规划要素时，可能会引起误解，由此可见特定现场分析研究所具有的价值，以及视觉方面的特征。
作者收藏

校园景观项目的设计规划是以图形和文字指导设计小组的文件。

的目标是展现校区面积、建筑物布局和结构，以及各个功能性景观之间的关系——也许是一个基于功能的设计的完美典范。这幅图不是为某个具体地点绘制的，也并非专指校园景观。它太图解化了，以至于设计者无法按其方式设计风格独特的场地或是评价方案的有效性。

克邦森大学（University of Kbangsaan，马来西亚）1973年的校园发展规划说明和规划图主要针对局部景观设计，是一个很好的例子。用于指导设计的全面评述重点说明了三种类型的景观。乡村是自然状态的植被，选择性地去除生长于树下的矮小植物、幼苗和灌木使得样本树木布局特色更为明显。半乡村是通过增加“软质地的景观”调整乡村景色，增加树阴面积，与建筑群形成对比。城市是由结构和结构之间的部分组成的景观。城市地面要求用铺路石面和硬地面，可辅以植物材料。这些植物要与周围地区、池塘和储存雨水的湖区比例协调。使用水作为一个设计主题要同时考虑相关规定和当地环境的禁戒。例如，控制蚊子繁殖措施以及防止池塘和水渠堆积淤泥措施：“如果在设计时没有给予特别的重视和详细的叙述，结果可能是灾害性的。”

关于地区文化和气候，克邦森规划小组重点探讨了其他景观设计主题——例如，休闲区，“人们可以坐在树下……聚会、学习或者仅仅是放松休息”。在这里，人们可以“欣赏旖旎的风景和秀美的植物，池塘和湖区的风景给他们凉爽的感觉”。户外就餐设施安放在主要人行路线两旁和风景优美的树林中。在座位区专门设置轻型遮挡结构以防雨淋。

设计小组还谈到另一个需要所有校园景观规划中注意的内容：

> ▶ 在大小和特征不同的范围内，要特别注意景观和植被的比例和范围。在空旷的地区单独种植矮树丛和灌木丛，成功的可能是微乎其微的；矫揉造作的细部和漫不经心的种植结果是无法令人满意的。如果在建筑区域种草，应该好好保养它，用铺路地面或边石将其包围起来。

有关这方面内容的文件也是具有教育意义的，它们提示业主小组和其他有关人员注意在一个特定的环境下，完成一个高水准的景观设计的条件和要求。M.罗伯特·芬顿（M.Robert Fenton）的匹兹堡大学（University of Pittsburgh）未来景观发展技术报告（1968年）是另一个优秀实例。它的规划设计充分体现了设计目的和目标，且大众都可以理解、欣赏和使用。该报告详细论述了匹兹堡大学的规

a.教师俱乐部

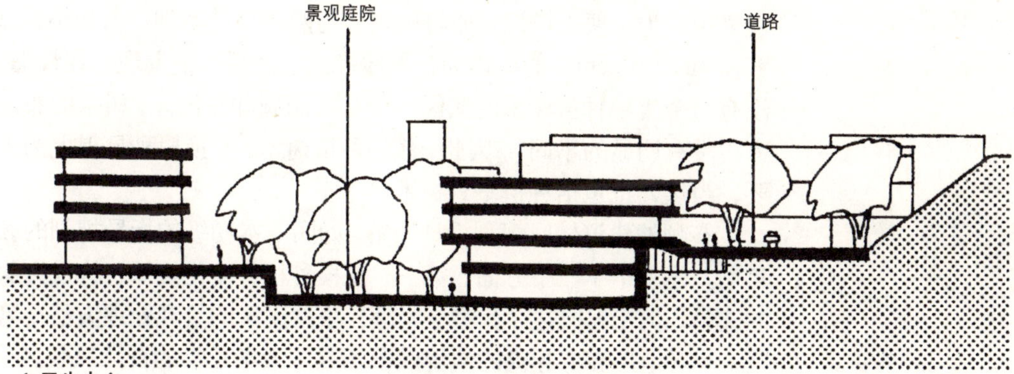

b.卫生中心

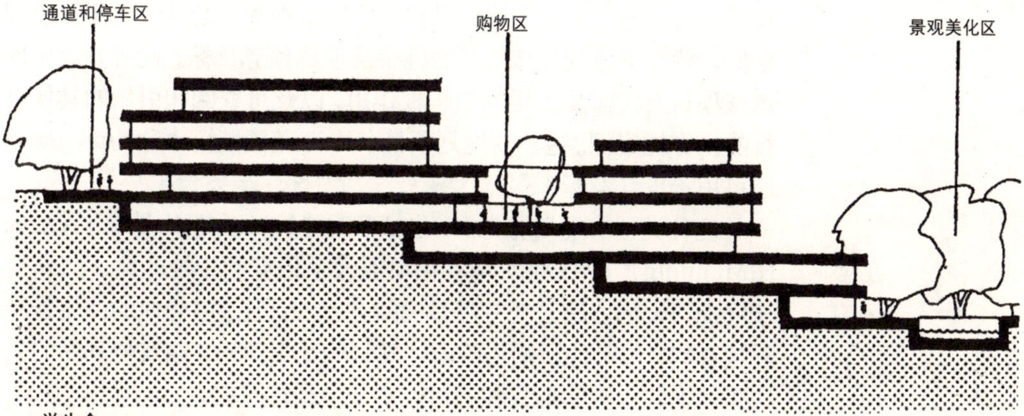

c.学生会

不同地区景观布局——克邦森大学，马来西亚

从上图可以看到文化和气候的影响及不同景观的布局形式。该图是1973年设计的马来西亚克邦森大学的校园规划，是一个精心规划的典范。 *作者收藏*

划目的和目标，以及后续方案的评论和评估。

作为规划设计小组中的景观建筑师，芬顿以“景观效应”为目标，即“对城市化校园的形式、比例、绿色植被特征的整体情感反应”。芬顿的规划设计因素包括四个空间类型：入口空间，人们最先进入的区域；分区空间，这些区域的整合形成主要开阔空间的景象；建筑空间，建筑物所在区。在划分多种区域时，他还说明，对于一个城市化校园，如匹兹堡大学，校园开阔空间作为一个景观特征是值得保留的。而且，景观在功能方面和视觉上衔接不当，对于现有景观是一个根本性的缺陷，对此，新景观可以调整或弥补。

芬顿的分析——规划设计的序言——也包括了植物覆盖的详细规划图。为了便于辨识，他将树划分为两种尺寸类别：大和小，以直径 4in（102cm）的树作为分界线标志。然后，他发现“在校园，没有一个集中种植树木的园区……从校园到非校园区，树木的布局方式没有明显的不同”。因此，额外种植树木、变换树种显得尤为重要，当然，也包括种植冬青树木。

芬顿的建议辅以规划设计图解，如同一本初级的指导规划的教科书。他重申了三个方面。第一，规模种植、变化规律、构成方法的选择。第二，概述了大型、中型、小型区域的景观处理方法。第三，针对地形高低起伏的地貌赋予匹兹堡大学独特的自然风景。对于第三个方面，芬顿提供了两种处理方法：保持自然状态，或改变地貌、扩大使用面积、插入步行道以便进入大学校园。

校园景观项目的设计规划是以图形和文字指导设计小组的文件。规划应该包括总体目的和目标、具体要求和期望、设计标准、地点位置、所在地历史、支持和保护当地价值观和传统（或出于业主的意愿，背离价值观和传统）的机会及项目预算目标。此外，还应描述该项目对校园整体规划的积极作用，以及可查阅和引用的具体可行的指导性案例。这样的规划项目（brief，英国英语中称为program）还可用于设计竞标。

这种类型的规划有先例，包括景观建筑师沃伦.H.曼宁（Warren H.Manning）1989 年对加利福尼亚大学伯克利分校菲比 · 赫斯特（Phoebe Hearst）建筑规划项目国际竞赛的评论。尽管他的评论是针对竞赛的，但是他所阐述的园林规划的基本理论，以及他列举的生动实例说明景观的形式和用途，都是值得注意的。

赫斯特竞赛要求建筑师设计的建筑物是完美的，应该能够“严格遵守总体规划和一贯政策，使后来者不背离该模式”。曼宁发表文章，认为这是不可能的。他谈到，建筑师需要依据一个重要的历史文件查询校园设计和实施的文化要求。曼宁写道：在他的一生中，会看到这样的规划是如何站不住脚。他谴责那些鼠目寸光的人在“暂

A.规模种植

1 最好位于大型开放空间和陡峭的坡道。

2 在规模种植中的各植被应协调一致。

B.变化规律

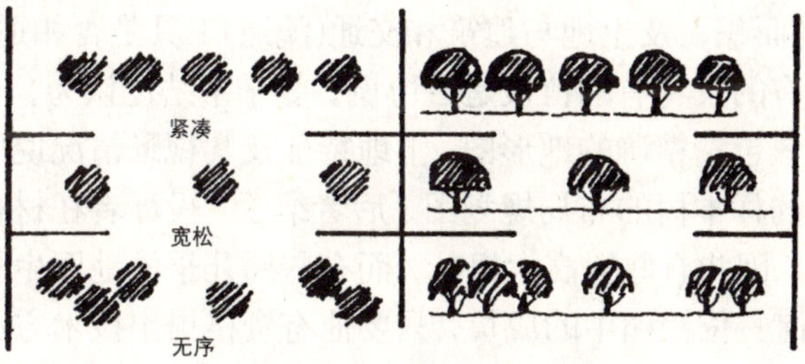

1 变化的样式应尽量地少。

2 变化的植被应沿车道和人行道排列。

C.形态

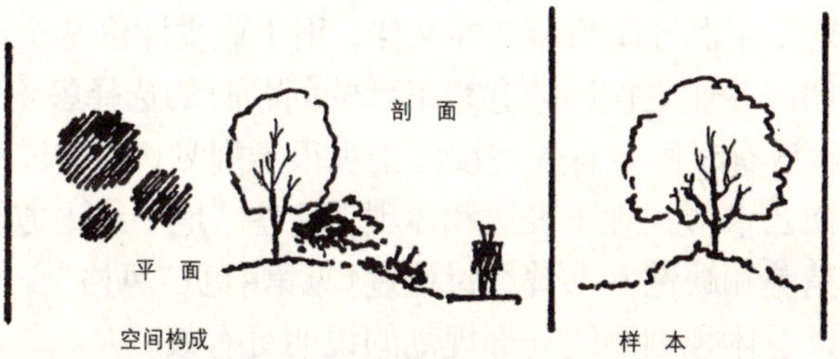

1 空间构成可以突出建筑的入口。

2 样本扩大了开放空间的规模，加强了开放空间的深度。

A.自然生态

自然生态学是解决环境维护问题的最佳方法。

B.精心设计的坡道

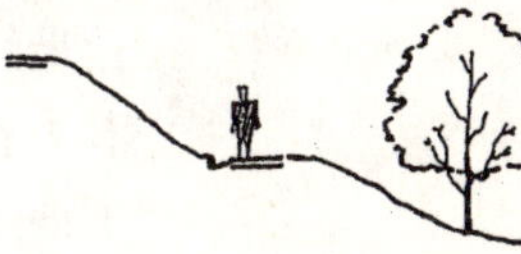

1 坡道不仅可以产生视觉上的联接效果，实际上也起到了联接的作用。

2 坡道可以成为一道风景，也可以作休闲娱乐场所。

C.大型区域

1 处理广宽空间的最佳方式是在空间中大量运用植被、建筑、土地形式和墙等元素。

2 空间的开放性在压抑性区域的衬托下得到加强。

D.中型区域

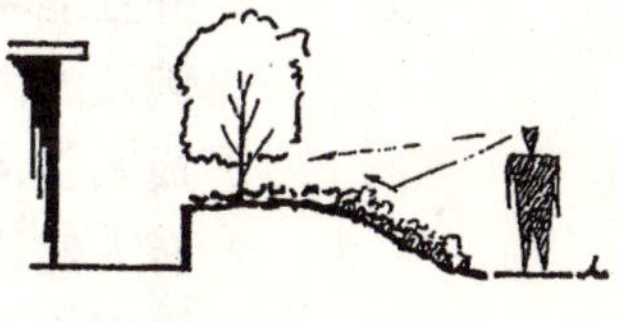

1 3～4ft 的土丘缩短了视觉上的距离。

2 土丘将屏蔽铺道和其他的低位元素。

E.小型区域

1 运用树木和常青灌木加以补充。

2 应采用墙、边饰和灌木等精心设计布置。

芬顿在，匹兹堡，1968年——匹兹堡大学

景观建筑师M. 罗伯特·芬顿以简单的图解为业主展现了一个启发性的有关地区景观发展潜能的分析，以初级但却具有教育意义的表达形式充实了设计手册。 *作者收藏*

构思和设想最好首先从评估该地区主要的自然环境和自然条件及其各要素之间（包括周围景物之间）的相互关系开始。自然环境和自然条件赋予地区不同的特征。

时的财政危机中”卖掉规划用地；同时，他也批评那些愚蠢的管理者忽视“现存规划的土地”和已定的“建筑风格”。曼宁评论道：一些糟糕的局面出现，是因为有些人“完全出于局部的或是个人的考虑，建一栋临时建筑物，栽几棵不起眼的树，加上原有的小路，或是某个人想要设计或已经设计出一个建筑物，它们明显与周围景观风格不同，却将其置于一个显眼的位置”。

曼宁认为伯克利的竞赛指导思想表达含糊，很显然“立项者并无诚意邀请景观建筑师参加竞赛”。在参观完该竞赛后，他概括了导致最终设计出现缺陷的原因——如可用地有限，树种多样化方面的潜力有限，建筑物之间距离不合理，结构紧凑堆聚在“崎岖不平的土地上”。设计者当时并没有意识或承认这些缺陷。对曼宁来说，伯克利规划挑战性大，其设计“过于复杂，所以应该有经验丰富的景观设计者的参谋”。曼宁还在规划(这由此又成为一个景观的设计要素)中评估土地面积，及土地与建筑和交通(流通)工具是否相适应，以及它们与已有的及将有的植被是否协调。曼宁下结论认为，一个实用的规划应该包括精确的地形图、土地特征及其视野情况说明和一个较为准确的样本树的布局规划图。后者给予“设计者在材料选取方面的帮助，因为有些树高大粗壮，而有些树几乎沿地面生长”。

如今，任何一位校园中的成员，只要他有资格提出技术方面的意见，介绍和说明其他地区的类似规划，或处理日常维护问题，就可以在制定规划时提出各种积极的建议。规划提供了这样的机会，并且能将人们的建议归纳起来。作为设计过程中的一个指导性文件，涉及的内容也许比信息的数量更为有用。如果能将所有重要问题编成索引，那么在工作的过程中，就会发现和注意到更多的细微之处。有人建议，规划文件也可作为参考性文件，用于业主评价某个设计或用于工作之初回答业主提出的意想不到的问题时的选择答案。实际上，我们也承认有时候会有一些校园景观很难规划，因为过于精细的规划将会使艺术形式难于表达和体现。这些“地平线上方”的设计所体现的精美和缺憾本书曾经讨论过(见第41页“风格”一节)。在这些例子中，总体规划要比局部规划的说明更有效。

1.10 视觉特征

视觉特征分析能提供及时补救机会，景观计划书本身就对如何纠正缺陷提供帮助，而无需整体规划。

▶ 为了得到一个理想的校园规划方案，摒弃创建者所有的思想是没有必要的，或是不明智的。如同城市规划一样，总会有部分校园景观需要保留，也会有一些景观需要重新规划，以便最大限度地利用场地……正是在这里，景观建筑师运用他们广博的知识，设计出新颖的、精湛的规划方案。而当所有兴趣都集中在一个即将建成的建筑物上时，就不太可能设计出这样的作品。[F. A. 库欣 · 史密斯（F. A. Cushing）编辑，《美国景观建筑师》，1930 年]

▶ 然而从视觉和功能的角度考虑场地规划时，必须审慎地看待任何形式的标准。因为没有任何一处景观是和另一处完全一样的。如果所有地区相同，在视觉和功能上，就不会有独特性和创新性了。[基督教学院（新西兰）发展规划，景观建筑部分，1973 年]

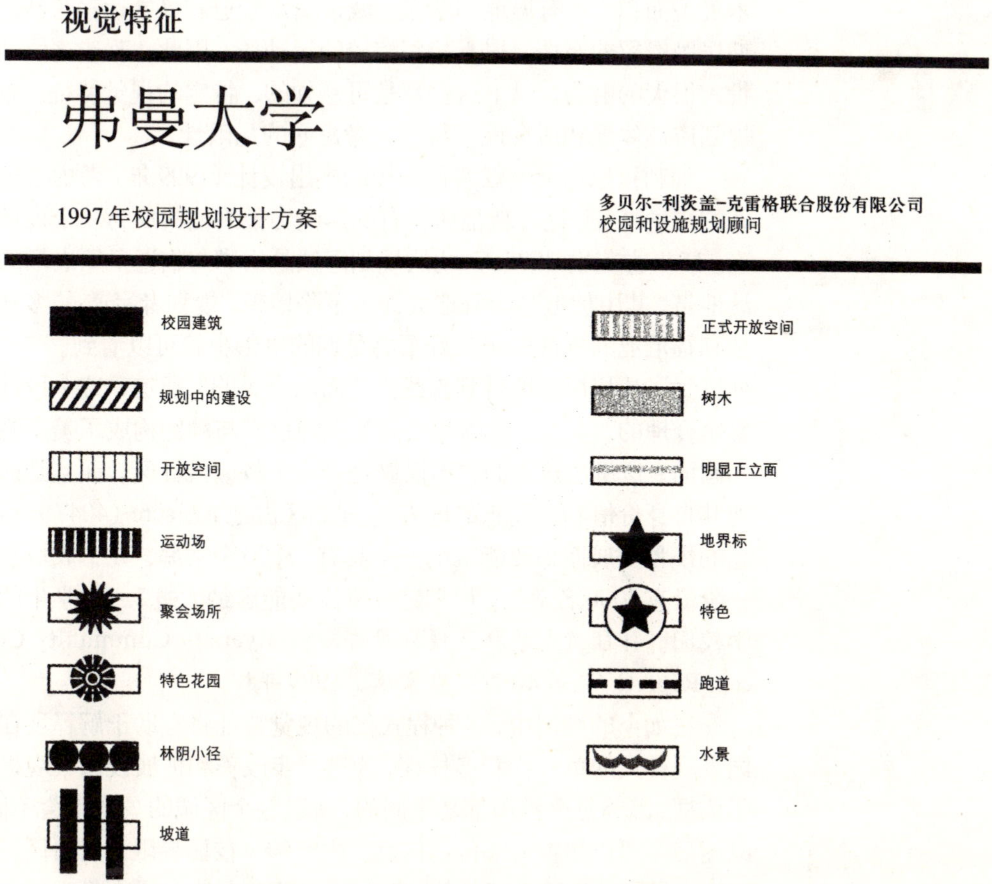

视觉特征——弗曼大学（Furman University）

每个校园都有其自身的、独特的视觉特征，发现它们、表现它们，作为保存、美化、扩展、增加景观的决定因素。 多贝尔-利茨盖-克雷格联合股份有限公司提供从第一个设计构思到具体的规划标准，校园景观发展的方方面面都受益于地区视觉特征分析。根据自然法则，每一个校园在整体和细部上都不相同。构思和设想最好首先从评估该地区主要的自然环境和自然条件及其各要素之间，包括周围景物之间的相互关系开始。自然环境和自然条件赋予地区不同的特征。通过观察，可知晓自然条件是复杂还是简单，但是还没有必要了解学院大小或面积这一类的信息。

当然，一个新校园比一个已建校园有更多的规划方法。1999年，作者研究了两个视觉特征完全不同的校园规划项目。在埃及，位于开罗的美国大学正在为一个新的、大型的、并不复杂的建筑物重新选址，计划将它建在大都市扩展区周围。那里是荒无人烟的沙漠，令人畏惧。这个地区像是一张没有字的白纸，有足够的地方规划各种各样的景观。在新英格兰，F.W.奥林工程学院所在地，地形崎岖，树木覆盖面积大，有湿地和清泉、城市输水管道和煤气运输管线、早期居民遗留的石墙、属于相邻院校的运动场，因此，改造这块地要投入很大的财力。以上这些都是可感知的、特定的视觉特征。景观规划应该体现和适合地区特征，考虑它的局限性。

加利福尼亚大学默塞德分校的杰出设计（1999年）考虑了该地区的视觉特征，这一特征所具有的影响力最终使其成为一个设计因素。15平方英里(3885万m^2)的规划区域是山脚与临近平原农场的过渡地带，其中坡道与山脊形成许多下陷地带。规划者写道："多样是加利福尼亚的象征……从好莱坞早期的电影中就可以看到。""一系列风景"是从凹陷地带到直线式"面向全景的"通道，这个设计方案是合理的。草原、农场和校园景观的色彩与神韵构成了美不胜收的画面。这里要建立的"不仅仅是另一个校园或社区，而且是能体现其自身价值和认同感的地方"。规划区占地1万acre（4047万m^2），总的规划发展面积要能容纳一个具有11800个家庭、几个农场和第一阶段有5000名学生，规划完成阶段要能容纳大概2万名学生的大学校园。[引自《大学社区规划报告》（University Community Concept Report）见第40页，默塞德，1999年]

在如今的校园中，各种程式化的视觉特征将有助于解释现在校园景观模式的单一性和多样性，为进一步改善和扩展校园景观提供了依据。因为每个校园都是不同的，所以每个区域的景观就会不同。以图形、照片和叙述来传达信息、内容涉及校园界限、入口区、出口区、界限、不同功能性的空旷区、标识性景观、样本景观、各种环行网络及布置方式、开阔景观和狭长景观，以及好的、平淡的、丑陋的描绘。很明显，最好能都表述该地区的历史，表明其特殊性。本书导言中的校园景观矩阵，是一个不错的描述方法。

附带说明一下，我们已经发现，在决策过程中，一个专业性的介绍能够增加建议方案的可信任度。而且，在资金筹划书和相关文件中，都可看到引用性摘录和迷人照片“在前”，“预期方案在后”。

有时候，视觉特征分析能提供及时补救机会，景观计划书本身就对如何纠正缺陷提供帮助，而无需整体规划。早期补救措施可以支持设计规划过程和结果，它是对整个规划前的准备工作的一种犒赏。

1.11 技术

我们发现，关于技术对校园景观规划的影响，在当代文献资料中缺乏全面的论述。土地整形机、割草机、灌溉系统、灯光设备、尼龙草和草鞭、电脑操作的交通控制门——每一种技术都以其自身的方式将某种校园景观的理念付诸实施，并且以最节俭的方式加以维护。应用20世纪末发明的克隆技术，完全可以复制珍贵的树种和树丛。移植和重新种植技术发展很快。一个移植树木的公司在广告中这样说：“为什么要让自然景色追随您的想法……我们为您塑造完美的景观，种上成熟的树种，使您的小区出类拔萃。”未来，技术会是一个设计决定因素吗？想象一下基因工程的作用：延长季节性颜色改变的时间，避免使用除草剂，增加抗旱能力。

1.12 资金

不言自明：筹集资金也是校园设计要考虑的因素，无论是用于新建还是维护；或许无资金也可以，这让我们想起牛津大学圣休学院(St. Hugh’s College，大约1916年）的早期例子。首任院长安妮·罗杰斯（Annie Rogers）有很少的资金来修建花园，所以她拜访了“男子学院，带着一把雨伞，其中夹回她最喜爱的植物”。圣休现在有九个花园，包括一个巨大的草坪，上面摆放日规，还有石头花园、小山谷、园艺收藏品——这算不上一个系统的校园布局，只是一年四季都很美丽。

罗杰斯的方法不适用于大多数的校园。最典型、最富挑战性的是确定预算的阶段。在这一阶段，原则上已确定了景观设计方案，但实际操作的价钱都没确定。对景观各组成部分投入的资金不同，最终的视觉效果会有很大差异，这一点往往被忽略。铺路时，每平方码的成本有很大不同，灯光设备、长凳、树木的型号、尺寸不同，价格也不同。高水准景观设计和廉价汽车，几乎是不可同日而语的。而且，在建筑项目中，当建筑物超出预算时，景观设置是减少预算的首要目标。结果是，开幕式那天的场景往往会令人们为当时缺乏远

> **对景观各组成部分投入的资金不同，最终的视觉效果会有很大差异，这一点往往被忽略。铺路时，每平方码的成本有很大不同，灯光设备、长凳、树木的型号、尺寸不同，价格也不同。**

见的决定而遗憾不已。至于维修，许多美国校园都面临着操作费用不断降低的危险。随着新世纪的到来，同建筑业情况相似，景观费用也在下降，减少维修和更换的资金成了平衡预算的一项合理措施——希望这种趋势能够转变过来，这在设施上行不通，在景观上同样行不通。

1.13 X因素

- 景观建筑是一门新艺术。它肯定有许多未曾尝试过的技巧和许多未曾使用过的组织形式。我认为，我们应积极地尝试它们……我确信，在我们的作品中，应该有更多的艺术技巧、较少的自然状态，更多地考虑设计，较少地考虑花哨的树丛。[查理斯·唐宁·莱（Charles Downing Lay），《对景观建筑的看法》(Some Opinions About Landscape Architeoture)（《景观建筑》，1921年秋）]

- 生态学是一门相对年轻的学科……因此，需要将生态学转化为一种从名称和本质上对于从事园林绿化的人们都可操作的形式，因为形式在他们所从事的景观和植被的工作中是至关重要的。[埃尔莎·雷曼（Elsa Rehmann），《一种生态学方法》(An Ecological Approach)"（《景观建筑》，1933年7月）]

- 需要全面地审视这个观点：合理的景观规划应以生态学为基础。应该重新看待和质疑有些成熟的景观评估技巧的准确性和实用性。[A. E. 韦德尔，《景观规划——新期刊的目标和范围》(Landscape Planning — Aims and Scope of a New Journal)（《景观规划》，1974年）]

- 根本就没有设计空间或空间这样的事情。建筑物围进的是行为，并非空间。没有一个住处、建筑物或城市被规划成空的。为了让规划者或建筑师了解他的设计目的，他必须彻底了解他的建筑物要包围的行为。[罗伯特·B. 贝克特尔（Robert B. Bechtel），《包围行为》(Enclosing Behavior)[斯特劳兹堡，1977年)]

X因素是一个人对新出现知识和回忆起的知识——如对环境设计的感性方面的印象——的描述，这些有可能成为校园景观设计决定要素。20世纪60年代到70年代的对基础设计开拓性的研究（看法、方法、应用）已经使许多景观从推理性思维进入到应用领域。凯文·林奇（Kevin Lynch）的《城市印象》（Image of the City）（剑桥，1960年）举例说明了我们如何观察环境，反过来，我们又受感性知识的影响。如同葡萄的嫁接，林奇的著作涉及了许多与校园景观有关的研究。如针对有关设计者写的，如何从内容和象征意义上布局校园景观和狭长景观，可查阅E.H.楚贝（E.H.Zube）的任何著作。他的所有著作都有对兰什思想的详细论述。

设计和行为研究，如小伦道夫·T.赫斯特的《规划邻区》（Planning Neighborhood Space with People）（纽约，1975年）已经成为用于培训专业人员的标准著作。当评估校园方案时，赫斯特设计的舒适休闲区就是一个恰当的设计。其布局体现着便捷、安全、心理和身体舒适，具有审美吸引力。同样的著作还有沃尔夫冈·F. E.普赖泽尔的《新墨西哥大学的户外区规划设计的评估》（Evaluation of Outdoor Space Use：the University of New Mexico，1982年）。他的研究小组凝聚了许多创新思想，适用于任何地方的校园景观改进和美化。这些智慧的结晶激发了人们更多地研究设计——心理——行为之间的关系。大部分研究内容都发表在环境设计研究协会（Environmental Design Research Association）的出版物中。有关这方面的知识将有助于人们吸收时尚作品中的新理念，审视和反对不切实际的观点及伪美学家在设计思想和意图上的主张，这常常是很有意义的，也会引起争议。

生态学原理和环境准则还没有上升为潜在的校园景观设计因素。《景观生态学》（Landscape Ecology）于1897年创刊，充分地证明了，那些主张融合自然和环境规划的人们将会继续提供校园景观规划方面的意见。期刊及网页一类的内容描绘着这个专业的发展方向。《景观历史》（Landscape History）与《景观生态学》同步出版，是多学科的聚集地，目的是“评估人们使用土地的方法……深刻理解规划过程，全面讲述景观史前史和现代史”。我们坚信，“地区的记忆”对于所有大学同等重要。我们将在以后简要介绍一个例子——具体的、普通的校园景观要素：地区历史。因此，我们将结合X因素，在21世纪探讨类型学。

第二章

校园景观设计分类

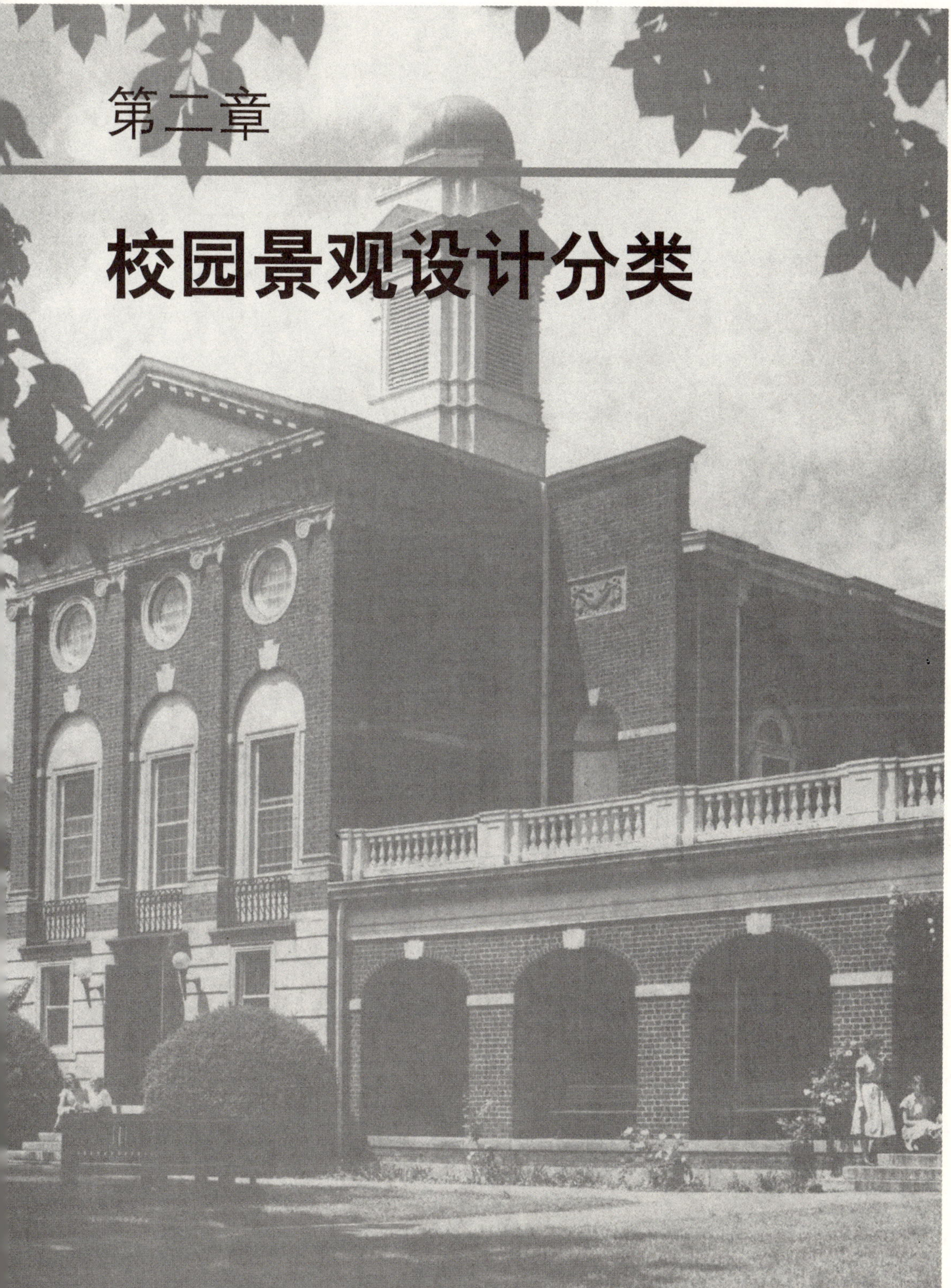

- 第一个有关景观设计的规则就是：在一个区域内，一个人无论站在什么位置，都不能让他从艺术的角度观察到差强人意的景物。[威尔伯·C.彼得森（Wilbur C.Peterson），《内布拉斯加大学校园规划》（The University of Nebraska Campus Plan），《景观建筑》，1927年1月]

- 虽然建筑设计的标准不断提高，但是户外设计标准已经下降到非常低的水平。[伊丽莎白·比兹利（Elisabeth Beazley），《建筑空间设计与细部》（Design and Detail of the Space Between Buidings，伦敦，1960年）]

- 保存景观特征是重要的，不仅对于环境，而且对于大学知识分子们的未来都有着重要意义。学生和教师经常谈到“斯坦福氛围”，这是因为他们选择了这里，并亲身体验了这里的生活。[斯坦福大学（Stanford University），景观设计指南，1989年]

创造一个与众不同的环境

设计者的口号是“每一个校园都各具特色”，这是毋庸置疑的，如同每一天开始于黎明，结束于黄昏。特色分别来自于景观的类型、功能。经过规划、风格化、细化、定位、建造，这些特色就展现出来。在这部分，我们将罗列并且进一步探讨校园景观设计分类方法的30个要素。这里不能详细讨论每一个要素。我们的目标很简单：鼓励人们维护和保护现存的最佳景观，将改善和扩大景观看成日常需要，将景观分类理论作为设计和增加景观的指导方案。当然，理想的情况是将30个要素全部应用于校园景观规划，使它们功能合理、外观优美、适合当地的文化和自然条件。考虑到某些景观的缺陷也可以作为大家借鉴的材料，在下面分类学的讲评中，我们将会针对这两类景观设计实例进行分析。

首要关注点

有几种实用方法可以判别校区是否适合于景观环境方面的规划或重新规划。我们将把校园景观描述成一系列曾遇见的风景，也就是在校区沿途看到的单个景观的组合。一个人要经过风景化周围地带，到达校区边界，进入校门，穿越校园到达停车场，沿着绿化小径步入特定区域，走进建筑物（当然也可以选择乘坐电轨车、出租车或搭乘别人的车），这是一个合理的连贯的风景概念。但是，在通常情况下，这一系列视觉感受却是不连贯的、变化的，混合了高水平设计与平淡的、难以捉摸的设计。任何一部分的设计都是杂乱的。

2.1 周围环境

数学能计算的结果是惊人的。我们算出：在北美，4000所大学校园与其周围的土地使用情况不协调，反之亦然。16000种组合方式包括：城市或城镇与乡村的结合发展。学校周围地区景观能表明校园特色和/或协调自然条件带来的缺陷和不一致的发展情况，分享和推进共同目标。后者如文化中心、娱乐场所或商业区。每一项都可作为一个校园—社区都受益的景观。我们知道（1999年末）全美范围内在解决校园内外冲突方面所做的努力。校园内外都意识到共同努力会产生的经济效益和社会效益。我们引用东南路易斯安那州立大学的倡议，用以表明其深刻含义。

2.2 周边地区

周边、周界、边缘——就是校园实际开始的地方。校园周界需加以划分。通常周界是指按土地产权划分的界限。有三种地产形式：独有和联合式、分片式、散片式。后两种主要指被街道或其他插入的建筑分割的土地，或位于中心校区边缘的土地和建筑物，这些土地和建筑物有的是赠的，有的是买的，有的是为保护、增值、获利、求和谐一致而划拨出来的。

周围及边缘地带的设计，1999 年——东南路易斯安那州立大学

由弗立斯特（Foresite）设计小组、城镇和学院共同设计的风格一致的景观。上图：大学的新入口区；下图：预期的街景，视觉上感到很和谐。　弗立斯特和迈克尔·莫里西（Michael Morrissey）提供

如何安排校园周界的景观？现在我们重点探讨自有型的校区或足够形成一个校区或校园地带的大片土地，因为这样的地块易于统一规划。安蒂奥克学院和特里尼蒂学院（Antioch College and Trinity College，见下图和第79页）的两幅古老照片说明了两个基本设计方法：不规则、清晰；规则、模糊。可以看出，安蒂奥克学院周围风景如画，令人向往，容易接近。特里尼蒂学院以建筑物和景观为界限，但是他们遮挡了视线和入口区。如果比例和细部不是重要因素的话，通过校园入口区或篱笆观看校园，景观的布局还算令人满意。最后的对比情况是：在安蒂奥克学院，建筑物建在类似于汉弗莱·赖斯顿（Humphry Repton）设计的宁静田园环境中；在特里尼蒂学院，建筑物整齐排列，形成了几何四方形景观。

安蒂奥克学院和特里尼蒂学院实质上是步行校园，它们的景观布局是合理的，也就是说规则和不规则绿色植被的排列方式和布局是合理的。标准方案，重要的、新颖的思想从来不会完全按预期目

安蒂奥克学院——不规则

对比性景观——特里尼蒂学院：规则

从景观建筑作为一个职业开始，规则和不规则景观就都产生了很有意义的现场景观设计方案。
作者收藏

边界：分散法与融合法——弗吉尼亚理工学院和州立大学（Virginia Polytechnic Institute and State University）

面临的挑战是，校园周界曲折蜿蜒，为扩大车辆交通及停车用地，所以设计了线条清晰、整齐的周边景观。 弗吉尼亚理工学院和州立大学提供标实现。这些图片仅仅表达了内燃机发明前的景观设计思想和实现的可能。大约构思于1960年的弗吉尼亚理工学院和州立大学鸟瞰图是有教育意义的。这里的层线适用于分散和融合古老校园的界限，以便容纳交通流量和停车场。波浪形边界影响了弗吉尼亚理工学院

边界标识物——中央康涅狄格州立大学

旗帜、指示性标牌，使校园周界的规划更令人瞩目，还能帮助参观者找到校园入口区、建筑物所在地和停车场。大学的标识一直被认为是一种很实用的图形景观，而广泛用于各大学。改变其字体则受到了质疑。 R.P.多贝尔摄影

中央康涅狄格州立大学

的著名草坪和空旷区的连贯性及周边景观的整体感。20世纪中期以来，由于高等教育的发展和汽车的使用，这种类型的设计向几代景观建筑师发出挑战。

第二次世界大战以后，大型停车场成为几十所大学校园景观设计的重要组成部分。圭尔夫大学（University of Guelph）在准备校园景观扩展的时候，采用了新的市政设计原则，以扩大汽车占地（停

边界景观柔化处理——犹他大学（University of Utah）

土丘、草坪、树木及门上的校牌构成了一道令人愉悦的景观。 R.P.多贝尔摄影

车场在校园占有显要位置的不良方面)。校园四周建成可穿行的或实体的边界，由绿色植物、栅栏和墙构成。步行道和大路既是与外界的分界线，又是校园的外围。土丘、树木、灯光及标识使边界的景观更为瞩目，校园边界大片的停车场因而也成为靓丽的景观，远比二等购货市场和露天剧场夺人眼目。见第100页“校园道路”。

大部分占地面积大、布局合理的新校园都具有吸引人的边界设计。1962年，位于加利福尼亚圣马特奥（San Mateo）的新社区学院（见第103页）在规划时，设计师米歇尔·佩因特（Michel Painter）预见到弗吉尼亚理工学院的缺陷，将大面积树林和草地、绿地运动场、风景化停车场作为圣马特奥的新社区学院边界区。一进入该地区，就能步入美丽宜人的行人区。圣马特奥的例子特别适用于远离城市中心的社区大学。在城市中心，学生整天乘车或开车往返于校园。

拉德克利夫方形庭院（Radcliffe Quad，剑桥，马萨诸塞州）周围景观规划是一个典型的例子。沿独有式区域，常见的三种边界景观是：①人行道，植物带和建筑物；②树木和草坪，这属于开放式设计；③篱笆和墙壁，这是封闭式边界设计。

鸟瞰图，包围式边界——拉德克利夫大学（Radcliffe College）

无论是在空中俯瞰还是在地面观看，它都是美国最佳的城市校园方形庭院之一。总体规划和边界处理方法都值得仿效。一个缺陷是：小型停车场的边界需要建一个引人注目的景观屏障。

R.P.多贝尔摄影

边界设计 A ——建筑物、种植带、人行道

边界设计 B ——封闭边界：墙和树篱　R.P.多贝尔摄影

相同类型的景观设计方法也可用于校园内的小块区域的边界设计。这里，如果土地的用途与建筑物功能类似，那么边界景观的设计理念最适于这样的区域。一个成功的局部区域设计模式包括：现场周围的风景化小路、分界性的树篱（或灌木和葡萄藤）和线条清晰的入口区。建筑物及其周围景观组合成一道美丽如画的风景，让人在接近该地区时，就会看到或感受到整体效果的优美，如同在特

景色宜人的边界——特里尼蒂学院，康涅狄格

校园边界设计既有限定区域指明地理位置和入口区等功能，同时还是景观艺术作品。 特里尼蒂学院提供，哈特福德，康涅狄格

杰斐逊设计的边界——弗吉尼亚大学

结构独特，是一个著名的边界设计范例。 国会图书馆摄影

里尼蒂学院的居住区。在现代的例子中，佐佐木福特希尔斯社区学院的沃克庭院区就有这样的总体效果。在单一线条的边界设计中，汤姆斯·杰斐逊设计的夏洛茨维尔（Charlottesville）曲折墙是首屈一指的范例。

2.3 边界标识物

> ▶ 一堵壮观的墙壁在花园中是弥足珍贵的，可以用许多种方法加以装饰。[格特鲁德·杰基尔 (Gertrude Jekyll)《墙与水花园》(Wall and Water Garden，伦敦，1934 年)]

如同香草和调料能将普通的饭菜提味一样，边界标识物也能提高边界设计质量。标识物包括诸如沿林阴大道设置的特殊灯光设备，软要素如旗帜，硬要素如墙和树篱。后者是需要特别注意的，是与高等教育有联系的分类设计中的一个组成部分。

墙是传统的校园边界标识物，不仅用于大型边界设计，而且用于局部地形、视觉或象征性边界设计。校园设计中，墙有丰富的社会和文化含义。传统的禁欲教育要求有独处的小区域，因此墙隔离

学院哥特式建筑：比可布 (Peekaboo) ——耶鲁大学

西利曼学院校门——学院哥特式风格建筑物，也用做安全的校园边界——向里可以看到庭院内的美丽风景。R.P.多贝尔摄影

树篱作为象征性边界标识——哈佛大学

树篱和墙壁作为哈佛校园的象征性边界标识物，校方投资250万美元用于修复它们。 R.P.多贝尔摄影

了世俗和宗教。后来，在文艺复兴时期，校园内外冲突加剧，似有爆发内战的可能，墙保护了校园免遭非法侵占。但是，后来，墙却成为阻止学生在课后离开宿舍，违反校规擅自到闹市区的屏障。如今，这样的校规早已成为历史的垃圾。具有讽刺意味的是，在剑桥和牛津大学，墙壁被认为是有价值的，因为它可以阻止烦人的参观者进入学校，对景观拍照，为追求良好的摄制效果而扰乱校园的日常生活。

当欧洲简朴的校园风格传到19世纪美国校园的时候，墙再次以边界标识物的形式出现在美国的校园景观中——一个评论家讥讽道"这是建筑工艺装饰的现代中世纪作品"。对于有些学校来说，精雕细琢的建筑物配以人造景观是值得的。在耶鲁大学的校园里，墙继续保持着传统角色：建筑物和整体景观的组成部分，边界标识物，绿色植被和纪念物的保护屏。

在美国，第二个影响校园景观的历史因素是试图表现伊比利亚

(Iberian) 传统风格。墙是伊比利亚住宅的一部分，是公用地和私用地的分界线。有时，这种设计构思也反映在大学校园里，以白色石膏和瓦片组成，配以华丽的巴洛克式装饰风格的墙壁，围绕庭院，带有十足的西班牙风格。

边界标识物作为设计要素所具有的象征性是不应该被忽视的或低估的。哈佛大学（1993 年）投入 250 万美元重建墙壁和树篱的工程同其他任何建筑物修复一样重要。这是校园景观中举世闻名的偶像作品：由砖块、锻铁，石灰石、花岗岩建成，或直线式或凹进，或朴素无华或精雕细刻。作为一个代表风俗与尊严的令人瞩目的标志，需要重现那些已逝的景观，还要将这些屏障建成具有历史意义的艺术佳作。

位于亚拉巴马州塔斯卡卢萨(Tuscaloosa)的斯蒂尔曼大学(Stillman College)，历史上是一个黑人学院。其边界标识物是乔治王时代艺术风格的墙壁和大门（1998 年）。这“秩序井然，风光宜人的校园”是学生们“寻求更好”迈上的第一个台阶。校园和社区对这个重要景观项目的支持，吸引了学术和教育项目的资金筹集活动。同样，明尼苏达大学也开展了类似的校区边缘景观项目，目的是“反

时装技术学院（FIT）

映校园良好的形象，邀请公众参与校园规划项目和设施”。明尼苏达大学修复和重建了某些历史上著名的围墙，用灌木丛、树木、标识物和灯突出了界限范围。大学设计者写道，如果没有这些标识性景观，“大学就会随意地占用周围土地，整个布局就会变得支离破碎，给公众造成很不好的印象，以致引起混乱、令人失望和迷惑的局面”。

墙主要用做保护性设施，这似乎背离了美国高等院校所倡导的开放、透明和灵活的精神。然而，如果我们认同了这个设施，尺寸适宜、设计合理的墙，就会将它有效地用做校界标识物，尤其是设计精致仅用于划分地块的，而非用做防范之用的墙。在时装技术学院（纽约），蛇形墙壁将绿化带包围起来。在俄克拉何马州立大学，墙壁分开了图书馆和草坪。在这两个例子中，墙壁都可作为舒适方便的座位。当然，墙壁还有其他功能。它可以作为一个不透光的窗

墙壁：美化了校园生活——俄克拉何马州立大学（OSU）

两种边界标识物有利于校园生活。在时装技术学院（第89页），沿着繁华的曼哈顿大街，一个建筑物的外围是一个蛇形墙壁。在俄克拉何马州立大学，墙壁是图书馆和附近的草坪的分界。在这两个例子中，墙壁都可作为户外随意就坐的地方。　R.P.多贝尔摄影

类似于古罗马的圆形剧场墙壁——贝茨学院

霍尔沃森设计组设计的精巧墙壁类似于古罗马的露天剧场（坡度变化的地方为奥林艺术中心立了界限）。R.P.多贝尔摄影

帘，遮挡不想看的景物（停车场或服务平台），也可以作为防风墙、花园围墙、绿色植被或雕塑作品的背景幕墙。

2.4 校门

校门是说“你好”和“再见”的地方，是学院重要的标志。假定将平均占地100acre（$0.4km^2$）的几千个北美大学加起来，它们的外围将从华盛顿特区延伸至密歇根州的底特律。如果规划一下这个队列的入口点和出口点，可以做成一个有教育意义的、立体的景观规划手册，内容涵括三个世纪的校园景观设计理念和风格，包括目标明确的和简单的，引人注目的和平淡无奇的景观设计。很明显，入口区是人们进入校园的地方，但是也可以被有效地利用，象征性地或实际地将不同用途的地块连接起来，将校园内外的风景连贯成景

基督教学院，牛津

色通道，并且可为各种仪式服务。在某些地区，将仪式性正门、步行道和远处著名的建筑物设计成系列景观，成为备受推崇的设计方案。

具有当地文化寓意和纪念性的入口区，既给人以美的享受，又具有纪念意义。例如，布朗大学为秋季入学的新生敞开某几个门，而在毕业那天为高年级学生开另外的几座门。在巴科纳尔大学，旧校园入口区的遗址如同巨石一样矗立在那里，象征着已离校的运动员们的功绩，只是现在界线不清楚了。临街的围墙清楚地划分了麦克弗森学院（McPhersor College，堪萨斯）的土地所有权。进入校园，无车辆通行的风景化区域用来纪念大学在1987年建成100周年。俄克拉何马大学也建起了纪念建校100周年的校门景观。分别于1890年和1990年建成的两个相同的人造大门分列石碑的两旁，石碑记述了当地重大事件和名人，大门的某些细微之处使人们想起了大学早期的建筑物，但并非是模仿。

古典风格和当代风格的入口区——圣非新墨西哥社区学院（Santa Fe New Mexico Community College）

牛津校门（克里斯托弗·雷恩，1681年）和新墨西哥社区学院入口区，很好地表达了在使用目的（某些人进出和所有人进出）、时间、鉴赏力和技术上的不同。在入口区以外可见绿色植被。　R.P.多贝尔摄影

百年庆典大门——麦克弗森学院

有效利用土地促进了中心校园的建设，由此建起了庆典大门。提示：这种设计，不需投入很多的资金。　作者收藏

印第安纳大学（Indiana University）的象征性大门（汽车大部分是从其他的门进入）详细表明了早期和现在几代人的密切联系。例如，印第安纳大学入口区使用了石灰石材料，与哈佛校园使用砖的含义相同。俄克拉何马大学和印第安纳大学的校门与重要的校园景

俄克拉何马大学

大门作为当地的标识物——印第安纳大学

这两个大学校门使用的材料和细部，使人们回忆起早期的大学建筑物特征；二者都可以进入到附近优美的校园景观中——俄克拉何马大学，一系列风景优美的、精心培养种植的花园。印第安纳大学，茂密生长的树木鳞次栉比。从图中可以看出，马路两侧的地区只能容纳有限的车辆。 R.P.多贝尔摄影

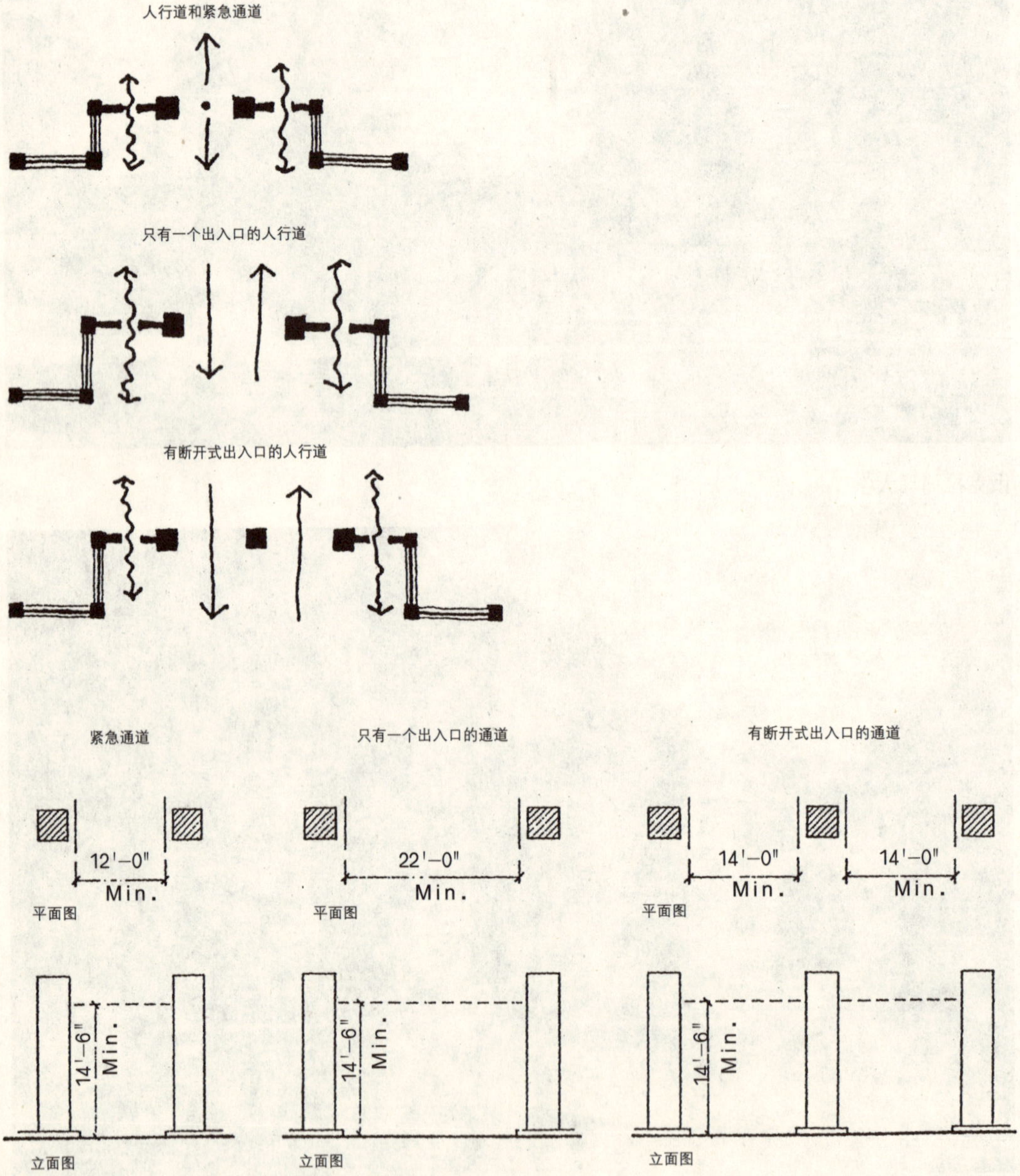

校门类型

摩西·赛弗蒂（Moshe Safdie）合作有限公司在为哈佛大学商学院进行的围篱和大门的研究中定义的几种典型大门。实际设计时，费用相差会很大。差异包括：用于建造门墩和侧墙的砖和花岗岩的混合使用；金属门的类型，简单金属棒到装饰性锻铁；障碍设施。 作者收藏

简单——俄克拉何马潘汉德尔州立大学（Oklahoma Panhandle State University）

带着本地人的自豪，五个要素构成了实用型入口区：大学的名字、它的价值观、任务、用以纪念当地历史的雕像矗立在大型石墙的顶部，过路汽车透过挡风玻璃可以一览无余。墙壁材料都和当地建筑物的典型颜色和质地相匹配。 R.P.多贝尔摄影

观有联系。前者可进入到一系列风景优美的、精心培养种植的花园。后者与茂密生长的树木毗邻，校园前方椭圆形区域内是繁茂的树木。二者都是经过精心设计，具有象征性意义的景观。前者提示人们，俄克拉何马大学从一个崎岖不平的、未经雕琢的开拓性大学已经变成一个世界知名的研究性大学。后者展示了印第安纳大学的原始景观。在这些例子中［正如格特鲁德·斯坦（Gertrude Stein）所写］，入口区展现的不仅仅是入口区。入口区设计需要解决技术问题，确定适当的风格和文化的表达形式。根据行人和/或车辆的流量，校门设计在类型、宽度和位置上都有所不同。

相关的设计问题包括：正确可行的设计方法；如果需要的话，选择计算机控制或手动控制的障碍门；标识物大小、地形、位置；灯；入口区铺路地面和坡度的处理方法；树木、灌木丛和植物的布局方法。校门可以是独立的，或是与树篱、墙或绿色植被相连。有些入

纪念性校门——斯坦福大学

赫然耸立的校门曾经在地震中被毁坏，从此成为有纪念意义的校园景观。国会图书馆摄影

校内象征性大门——亚利桑那大学

校内雕塑型大门（上图和右图）、精美的标识物和引人注目的艺术作品，指示人们进入校园中某一区域。这种类型的设计造价低，是大部分院校可以承受的。R.P.多贝尔摄影

宾夕法尼亚大学

口区也许会有一个信息亭，内设校园电话和公共汽车候车亭。由佐佐木合作公司设计的波士顿学院的入口，就是这种多功能校门的一个例子。它的材质和细部与附近的大学哥特式建筑物相匹配。一进入中心校区，就可以马上看见安全和信息室，但是在邻近的大马路上却看不到。

为纪念某人或某事，校门还可以配以装饰板和雕塑。在俄克拉何马潘汉德尔州立大学，进入校区的主要标志是一个农夫的雕塑，以纪念第一个定居者。斯坦福大学古老的校门在大小和重要性方面都不如俄克拉何马潘汉德尔州立大学。它在20世纪初期旧金山地震中被毁坏，雕塑颂扬了大学创建者，融合了伦敦艾伯特纪念馆（Albert Memorial）的那种感伤情调。大门是按照罗马帝国式的拱门的比例建的。相比之下，宾夕法尼亚大学和亚利桑那大学的雕塑型门却没有那么沉重，显得较为轻快。在新墨西哥大学，图书馆场地中象征"通向学习的大门"其形状及附近植物（棕榈树）表明了场地实际意义。以上这些类型的标识物应当受到推崇，特别是对于大学校园，因为这些艺术品给校园带来生动活泼的氛围。它们也能激发年轻人的思维和好奇心，这也正是高等教育的目的——为什么使用这种形式，为什么这些植物会种在这里？因为校园大门是用于汽车快速安全地进出校园的，下面我们将讨论校园道路。

2.5 校园道路

▶ 从根本上说，花园设计就是合理布局人们活动的空间。僵硬、刻板、教条、盲目地循规蹈矩将让位于灵活运用素材的设计。例如，在初级阶段，我们也许会遵循着自然路线，拍摄电影以记录地面上的活动。因此，花园设计也许如同植物或地区设计一样，需要很好地组织。[雷·福纳克（Ray Faulener），《景观设计的一种方法》（An Approach to the Design of Landscape）（《景观建筑》，1936年1月）]

▶ 发人深思的行人和汽车流动图、美丽风景的精美草图、在必须和能力之间达到平衡的完美规划，这些都是没有价值的——完全没有价值的，除非将它们彻底付诸实施。[威廉·考迪尔勒（William Caudill），1961年]

▶ 在美、功能、安全、清晰度和路向方面，流线是韦尔斯利（大学）校园景观的一个不可缺少的组成部分。[迈克尔·范瓦尔肯堡合作公司，《韦尔斯利大学1998年校园规划》（Wellesley College 1998 Campus Master Plan）]

在规划校园时，校园道路是主要的考虑要素。它在任何校园设计模式中都是关键性的，而不是占统治地位。道路应该服务于校园

风景，而不是统治校园风景。仔细定位、精心设计道路使其线条平滑、方向明确，校园道路就是一个积极的校园景观要素。校园道路布局混乱、方向模糊、交叉路口行人拥挤、两地之间路程短，这些就成为安全隐患，阻碍车辆和行人通过，造成视觉混乱。

在规划校园时，校园道路是主要的考虑要素。它在任何校园设计模式中都是关键性的，而不是占统治地位。道路应该服务于校园风景，而不是统治校园风景。

从功能上讲，校园道路是指车辆从校园一个地方到达另一地方的路线。交通密集程度最大的地区通常是停车场，其次是建筑物送货月台，或相应的出口和接送站。校园道路用于服务车辆和救护车辆。有些道路是校园和公共交通系统的主干路线。校园道路形式和特征的设计，综合运用了校园规划、交通工程和景观建筑决策方面的知识。设计的水平和复杂程度所造成的责任界限可能很难分清。

在高水平的校园规划中，四个最重要的原则是明显的。通常，行人路线与车辆路线分开。不同类型的道路划分了校园土地，展现校园布局。正确的设计方法提供了有序的指示道路，引导和控制交通流向，特别是当参观者或注意力不集中的人面对公用通道辨别不清方向时。仔细规划每一条路线，目的是使所有路线线条清晰、连贯畅通。

正如骨架构成了人体，校园道路也可以构造校园。景观充实形式，变化的形式能够产生适当的特征，特征加强区域的认同感。三个著名的例子说明了形式变化的可能性。第一个来自高科技汽车制造和高速行驶中心，第二个来自一个州。在畅销的文学作品中，这个州与“汽车文化”联系在了一起，第三个来自一个与所在环境协调的地区。这三个都于20世纪60年代设计。在这个时期，车辆交通和停车场已经不再被认为是校园设计中的次要因素。特别是，解决方案在功能和视觉上与原建筑的环境不协调。

波鸿大学（Bochum University，德国）校园道路结构紧凑、合理。汽车由附近的高速公路驶入高密度多层建筑物下面的停车场。这个复合型建筑物位于植物园和绿地之间。梯田、农场、森林、近处的小村庄、远处的风光是一幅迷人的画面。在开幕式当天，系统的空间规划和工业化钢筋混凝土建造技术受到称赞，但是现在看来，占地空间大、重复的建筑形式和灰色单调的建筑物外观，是整个校园设计上的缺陷。

圣马特奥学院（College of San Mateo）在加利福尼亚州致力于校园道路设计是有代表性的。在波鸿大学，建筑物构成一个无车辆流通区域，而在圣马特奥学院则是一个线形林阴路。入口道路穿过大型停车场，环绕林阴路，形成一块类似购物中心的地方。这里同时设有仪式坡道区，并有来客停车和服务点。波鸿校园景观包括绿化带，而加利福尼亚有精心雕琢的内部庭院和花园，它们被大型运

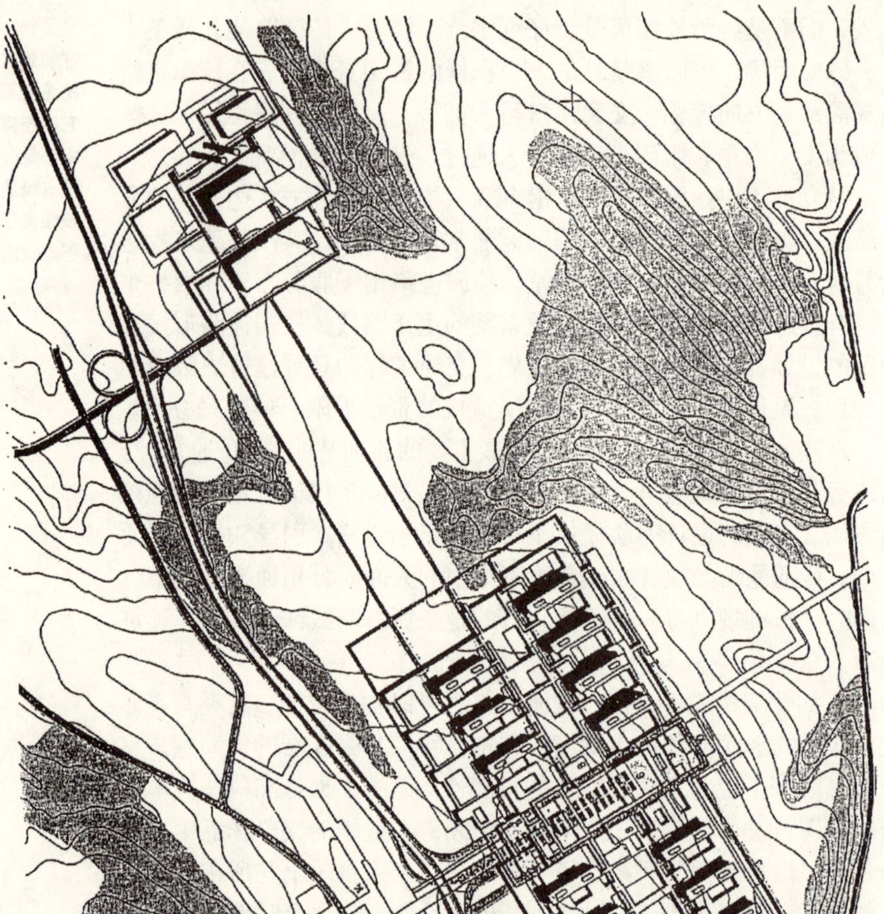

围绕汽车进行规划——波鸿大学，德国

这里位于汽车制造工业区，计划建成一个精典园区，整个设计工程合理。主要大型结构被花园和森林包围，道路和停车地带的布局紧凑、实用。 作者收藏

动场、宽阔的道路和小路环绕。

圭尔夫大学（University of Guelph，加拿大）利用了德国波鸿大学和加利福尼亚圣马特奥学院的环绕特点，在校园建设了一个发展区，面积是它们的三倍，同样，目的也是设计象征性景观。这三个大学具有相同的布局形式和目标。环行道路限定了边界，很容易进入大型停车场。其中，有一条重要的、正规仪式用的道路、入口

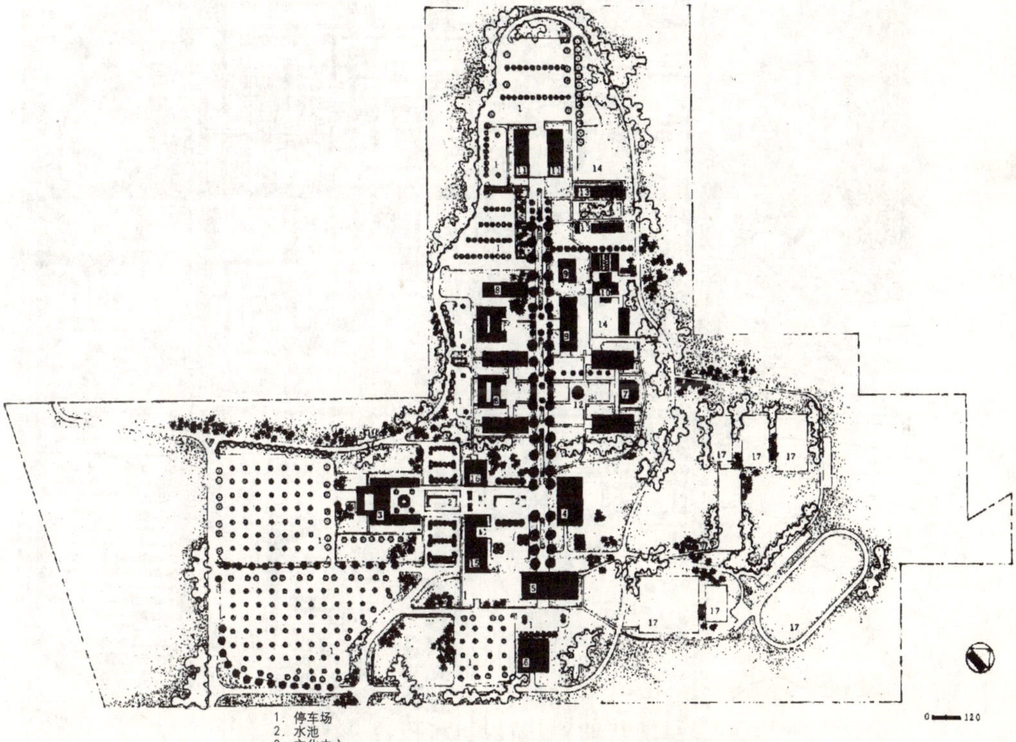

1. 停车场
2. 水池
3. 文化中心
4. 体育馆
5. 图书馆
6. 维修室
7. 科学中心
8. 教学中心
9. 工程楼
10. 园艺中心
11. 技术职业中心
12. 天文馆
13. 职业艺术中心
14. 园艺园
15. 学生中心
16. 行政楼
17. 田径运动场
18. 步行道

圣马特奥学院平面

景观建筑师　罗伊斯顿、哈纳姆顿、迈耶贝克
克莱街55号　旧金山，加利福尼亚

约翰·卡尔·沃温克联合事务所
景观建筑师　米歇尔·佩因特
新蒙哥马利街111号　旧金山，加利福尼亚州

上世纪中期加利福尼亚大学校园经典规划图——圣马特奥学院

校园道路环绕中心校园，中心花园以步行道为主，停车场和娱乐场设置在校园中心边界道路上。这是精美的设计典范。　作者收藏

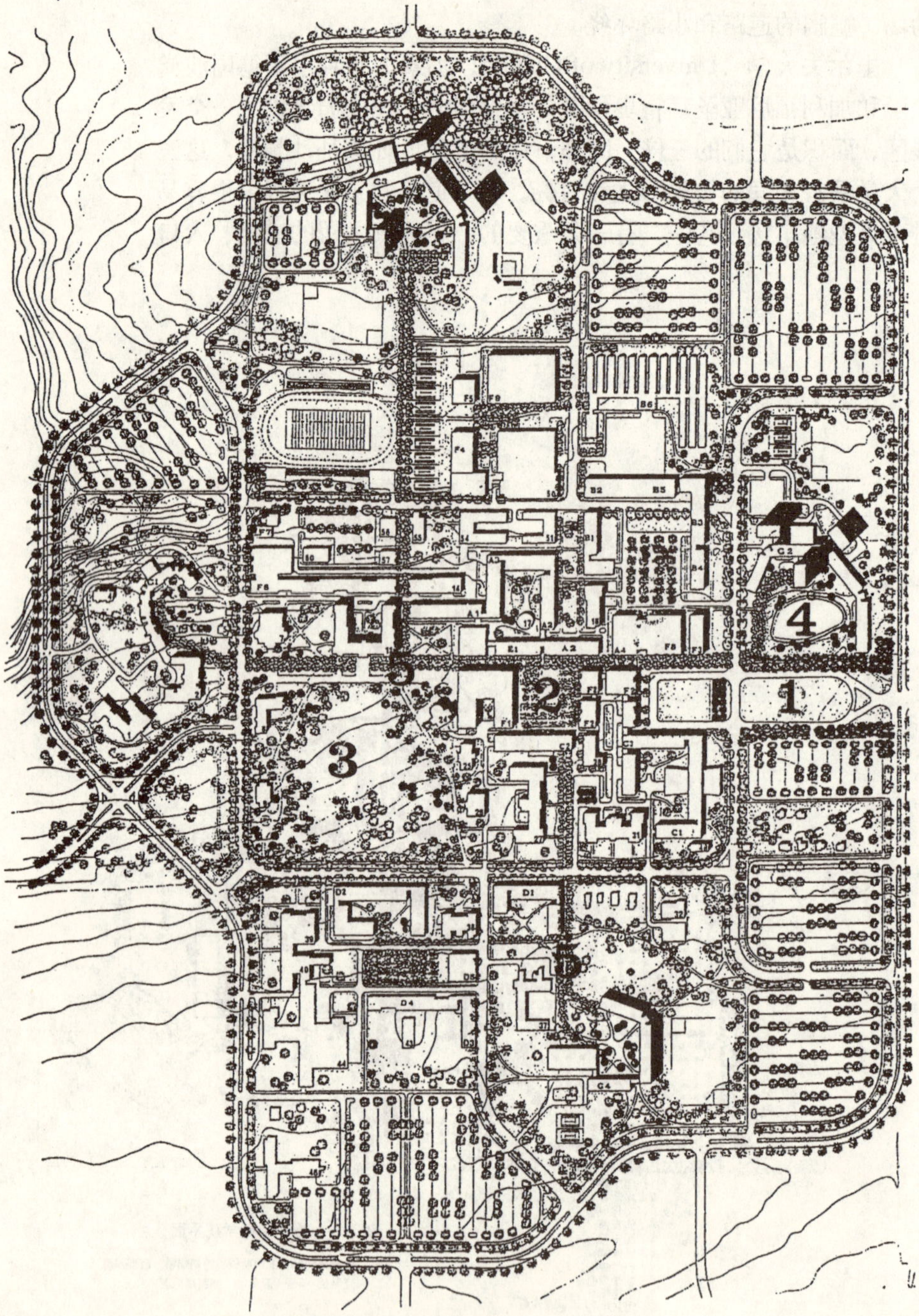

圭尔夫大学校园平面，1963 年

PPAL 和 R.P. 多贝尔，美国注册规划师协会
塞特，杰克逊和古尔利，顾问

不同类型的校园道路系统——圭尔夫大学，加拿大

不同类型的校园道路系统：主要风景化道路使得整个校园轮廓清晰。正门入口处（1）从辅路可进入校园各区域。主要步行道（5）用于服务和紧急车辆，可以通往校园各处。在边界道路和内部环路上，可以看到各种景观，如古老庭院（3）和新景观（2和4）。　*作者收藏*

区和几个辅助入口。景观突出了新建主干路，通过它，行人和受控车辆（服务和救护）可向东和向西穿越中心校区行驶。两条南北方向的人行道连接主干路，能够承载服务和救护车辆。为了与直线道路形成对比，辅助弯曲路标明几个由地形和建筑物功能划分的居住区。

校园道路设计需要标识物。目的是用图表指导参观者进入校园并在校园确定方向。这个图表包括进入校区标识符、校园地图、区分主路和辅路的指路标识、服务路线、停车路线、旗和标识牌。

分级是一种设计分类系统。道路布局（车道数目和分布）应反映校园人数、面积、居住者和定期往返者、车辆容量、速度和道路位置的不同。从原则上讲，校园道路容量在边界较大，在核心地区较小，目的是为了发展中心校园汽车容量小的行人区。面积较大的校园，部分道路通往校园中心的风景区干道和林阴大道。在中心校园周围，十字路口只能是两条单行道或单方向环行道路。在面积较小的校园，正确的设计方法是车行道与人行道共用一条路。因此，道路和人行道路是一个功能单位。道路特征要细化，校园景观选择的设计内容包括：铺路、路沿边道、交叉路、紧急停车带、标识物、灯、树、交通信号、旗帜，有时也用停车记时器。对于优秀设计来说，考迪尔告诫的“彻底完成”是必不可少的，特别是福克纳所建议的将环行设计应用于路向转变的时候，正如一件艺术品通过景观变化实现其移动效果一样。

校园道路设计需要标识物。目的是用图表指导参观者进入校园并在校园确定方向。这个图表包括进入校区标识符、校园地图、区分主路和辅路的指路标识、服务路线、停车路线、旗和标识牌。标识牌指明事件发生地和行车路线。标识物要标明：速度限制、停车、让行、非行人区。根据法律规定和例行做法设计标识物。其他标识物可根据不同学校设计其颜色、名字和含义，将它们沿着校园道路或小路统一布置，构成一种艺术形式。

2.6 校园步行道

▶ 当景观建筑将所学知识应用于实际问题时，他总是试图解决设计中的每一个问题。尽管理论上牺牲某些因素是合理的，但是他还是最大限度地从经济和美学角度处理所有因素。[亨利·文森特·哈伯德和西奥多拉·金博尔（Henry Vineent Hubbard and Theodora Kimball），《景观设计研究绪论》（纽约，1917年）]

▶ 简单和朴素未必就是正确的方法；环境复杂会激发兴趣、好奇心和探究。寻找方法是很富刺激的活动。它包括空间运动和持续不断地阅读、诠释和展示空间……以感性和理性方式体验空间，寻求方法。毫无疑问，从建筑学角度看，寻找方法是一项很重要的内容。[罗洛迪·帕西尼（Romedi Passini），《在建筑学中寻找方法》（Wayfinding in Architecture）（纽约，1984年）]

道路位置和设计——贝茨学院

校园道路是校园生活的动脉。如果位置选择得当，风景宜人，则有利于校园总体设计。植物的变化，气候和土地的不同，增强了不同地区的认同感。 贝茨学院提供每天都要在校园穿行很多次的人们，当他们从一个地方到另一个地方散步或上课时，应该能感受到校园道路是功能强、便捷、安全、美丽、令人愉悦的。

由于建筑物的用途和任务不同，人们不需要每天进入或路过有些校园建筑物。但是，每人都要使用步行道。每天都要在校园穿行很多次的人们，当他们从一个地方到另一个地方散步或上课时，应该能感受到校园道路是功能强、便捷、安全、美丽、令人愉悦的。在中心校区，道路应该是直的、相连的、延伸的、不与车辆冲突。校园中心区以外，出于审美和娱乐的目的，蜿蜒曲折的道路是可以被接受的。因此，校园步行道需要吸引力强、功能性强、反映校园生活现状、结合宽阔的道路和精美细微的地形设计。

校园步行道系统是一个重要的校园设计决定因素。在原则上，以行人为目标的优秀校园设计是将大部分建筑物、景观和步行道设计在无车辆通行地带。这个地带的直径可以在10分钟内以脚测量。显然，土地所有物和地形将影响道路的布局。所以，使用圆形步行道是不可避免的；重要的是要有适当的距离。假定步速是每小时3.5～4.0mile(5.6～6.4km)，倾斜度小于4%，那么使用空间将在100～125acre（40～51万m^2)范围内。对于大多数学院来说，这是一个合理的校园中心面积。大校园还需增加面积，小校园这个数字足够用。增加的面积可以作为校园局部区域，用于建立功能性景观和建筑。例如，居住设施、技校、研究中心、户外娱乐和健身场所、卫星接收站、花园、植物园、中央步行道系统和生活福利设施。在这些例子中，中心校园步行道系统与局部区域步行道相连。

校园步行道在尺寸、长度、交叉部分和表面处理方法上都各有不同。外在形式包括：穿越草坪的开放式步行道、林阴道路、穿越小树林和凉亭的步行道、沿拱廊或位于建筑物挑檐下的步行道、连接两栋房子的走廊、桥道或跨越坑区的道路和进出建筑物的步行道。景观建筑师对这些不同形式的表达会产生令人身心愉悦的效果。道路系统也可以界定和强化校园整体和局部的分界。从早期鸟瞰图可以看出，缺少适宜的景观在拉马尔大学（Lamar University）表现得更为明显。后来种植了植物改善了这一情况。优秀的设计带来的愉悦效果可体现在宾夕法尼亚大学洛克斯特道路上（第112页）和康奈尔大学的步行道上（第文前5页）。

沿着校园道路行走，会感受到景观环境的好与差。交通网络设计中备受推崇的是人行道和车行道分离，这作为校园景观规划中的一个目标，在校园建设中应给予优先考虑。道路系统应能形象化地突出景观的象征性和实际的意义，以准确表达景观设计理念，在各方面取得满意的效果。

如何才算取得满意的效果？当然，视觉是一个方面。无论近距离观赏周围环境，还是顺路一瞥，或是从一个地区到另一地区欣赏系列风景，以及在夜光灯照耀下沿校园最便捷的路线行走——这些是精心设计的校园道路景观的副产品。至于声音，倾听人们在课间休息时或穿行于风景宜人的校院小路时边走边聊，是多么舒心愉悦的事情。对于视力不好或心不在焉的人，铺路材料的不同可以表明前方是叉路或十字路口。沿路行走在阳光下或树阴里，可以感受到

亚利桑那大学
R.P.多贝尔摄影

艾奥瓦州立大学（Iowa State University）
约翰逊，罗伊提供

景观对温差的影响，有时候景观材料或土堆阻挡了狂风也可以造成局部区域的温差。脚可感知材料的质地——软，树皮和碎石；硬，混凝土、瓦片和砖的混合应用。在某些地区，秋天踏踩落叶的声音如同校园生活的协奏曲。周围环境（城市或乡村）、材料的使用和维护

跨越步行道——伯克希尔社区学院

校园步行道经过建筑物，穿越绿化带，地形陡峭，因此，周围景观也要做相应的变化。亚利桑那大学桥型建筑物（第108页）在桥下和地面上都设置了景观。艾奥瓦州立大学步行桥（第109页）在两端连接地标性建筑。伯克希尔社区学院（Berkshire Community College）的桥头景观别具匠心，钟塔和常青藤与当代新英格兰的大学的景观异曲同工。R.P.多贝尔摄影

景观：寥寥无几——拉马尔大学

校园道路上缺少景观，是一个很明显的缺陷。后来纠正了这一情况。　拉马尔大学出版社提供

要求与周围景观的协调性都影响材质的选择方法。特别是在节日，各种植物和树木装点着道路，将校园步行道美化成一件无与伦比的艺术品。

地形的变化是可以感知的。景观建筑师将道路设计成非常别致的环状道路，并使道路坡度平缓，让行人行走舒适。直线路和直角交叉路体现了规则的设计理念。在优秀的校园道路设计中，既有环行道路也有弯曲道路。道路和树密不可分。沿路树木可以遮挡附近景观，产生管状视觉，与毗邻空间交融一体。

设计者精心设计不同类型的道路，并在道路方向上做出标示。路宽和路面显示不同类型的道路。如果设计者不重视道路设计或是道路的设计和建设没有足够的资金支持，那么宽度和倾斜度这类技术问题就会阻碍精美设计构思的实现，即使这个构思没有被取消。倾斜度3%是最优设计，但是到达5%也许就不可行了；较为陡峭的斜坡最好连接不同高度的坡道。校园步行道宽度可以根据相关手册

洋槐树周围的步行道——宾夕法尼亚大学

景观建筑师乔治·巴顿用铺路地面、植被、灯光和树木营造了这个局部环境。　乔治·巴顿提供

设计。6个人并排站在一起的宽度即15ft（4.6m）宽的主要人行道适合大多数校园。小于6ft（1.8m）宽的道路则不可取。同时，也应该考虑残疾人的需要，尽管现在道路设计中还没有被充分重视。

沿着校园步行道，树木可以布置得非常美，令人悦目的颜色和外观使人们忘却清扫果实、坚果、翅果带来的烦恼和消耗的资金。树木的高矮（按成熟期）可以调节，缓解人、学院及纪念性建筑高度的差异。在有些例子中，大的灌木丛替代了树木。有些更为新颖的设计使用格子结构，用来支撑或种植某些植物——用于装饰和作为视觉屏障。但是，景观建筑师普伦斯蒂.弗伦奇所说的“装饰性过程”不应该忽略道路宽度和倾斜度的问题。弗伦奇提醒我们:“如同衣服一样，植物可以掩盖粗糙道路设计的缺陷，但是它却永远不能使这样的道路真的成为好路。”

最近，给道路设计带来挑战的是溜冰板。设计流畅的道路吸引着溜旱冰者，就像蜜罐吸引飞蝇一样。皇后大学校园保卫处写道(1999年)：“许多教职工、学生或教师打电话抱怨，溜旱冰者发出的噪声使他们不能学习、工作或写东西。而且，溜旱冰者喜欢在混凝土墙和植物上越过，造成了财产的损坏，耗资很大。如果你曾经坐在一个经过打蜡的、混凝土制成的、被溜冰滑板者使用过的长椅子上，你就会知道这种运动形式对衣服，特别是对浅颜色的衣服带来的影响”。

交通网络设计中备受推崇的是人行道和车行道分离，这作为校园景观规划中的一个目标，在校园建设中应给予优先考虑。

其他可选办法

现在介绍六种类型的道路，目的是为了说明道路设计的多样性，

艾迪生步行道——牛津大学

艾迪生步行道是早期最有影响力的不规则式的校园景观步行道，对这一点，曾有人提出异议。根据变化的地形、地面覆盖植物和树木的成熟期和适应性，它修整了好几次。现在它仍然是校园景观中的典范。 作者收藏

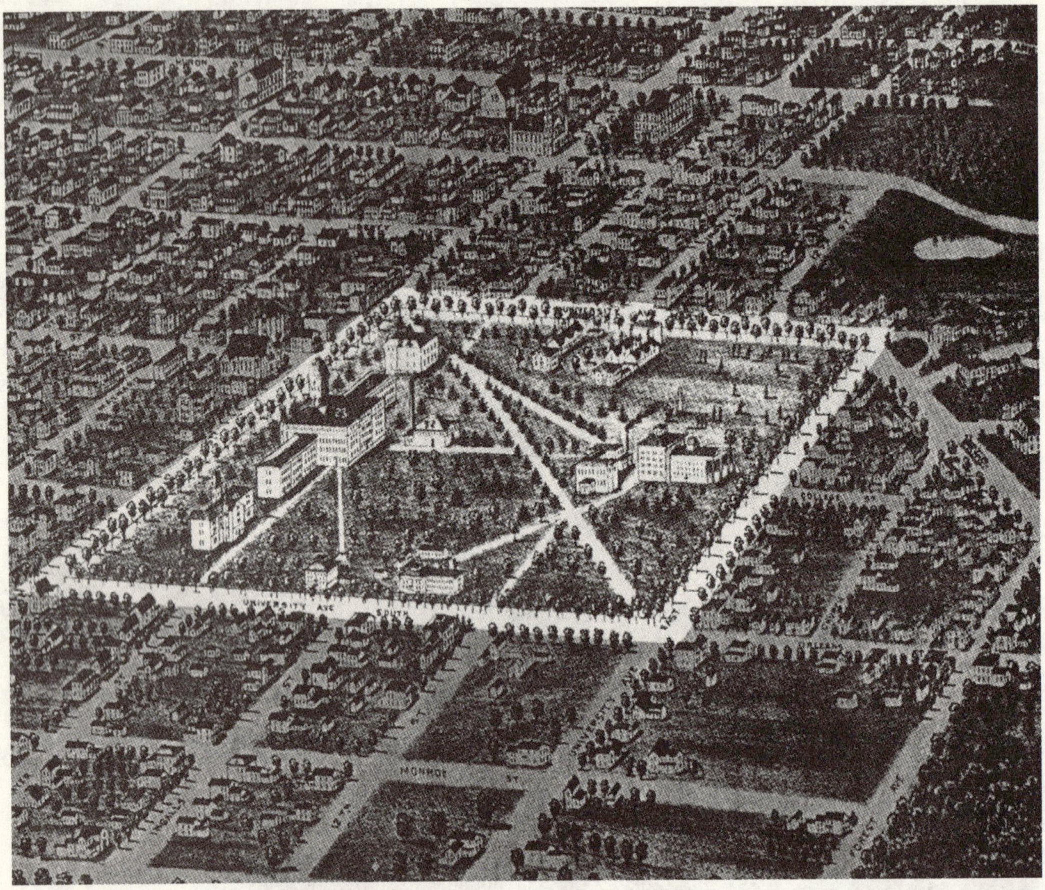

诊断程序设计——密歇根大学

美国校园道路原版的缩图。大学管理者和领导在一个世纪中终于认识到了诊断程序设计的重要性，因而近些年鼓励这所大学设计了各种各样世界著名的校园景观。　弗雷德里克·迈耶提供

包括风景如画的、传统的、主干线路、各种路线复合的、象征性的和现代的。这些都是精心的发明，因此在实例中没有涉及教师、职工和学生随意踩出的道路。这些道路通常是很不像样子的，往往因为设计者和规划者没有注意到可能有的捷径。

在风景如画的道路中，牛津大学艾迪生步行道有几点值得讨论：它的年限、持久性、对几代“自然花园”的拥护者和崇拜者的影响力。这里和下面引用语出自于18世纪审美学家约瑟夫.艾迪生。据说，当他沿着河边小径，漫步于马格达伦学院(Magdalen Collage)时，产生了对当时法国时尚景观思想和按烦琐的荷兰式风格布局的树林、树丛的反感。他厌恶绿色植被被修剪成“圆锥形、球形和金

字塔形”。他写道：“我宁愿看到一棵树枝叶繁茂，也不愿意看到它被修剪成几何形状……百花齐放的果园会比错综复杂的精美花圃令人愉快得多。”

校园步行道：主干路——罗切斯特理工学院

种上植物10年后的斯塔宾斯(Stubbins)步行辅道，美丽的景观需要时间呈现它的效果。 作者收藏

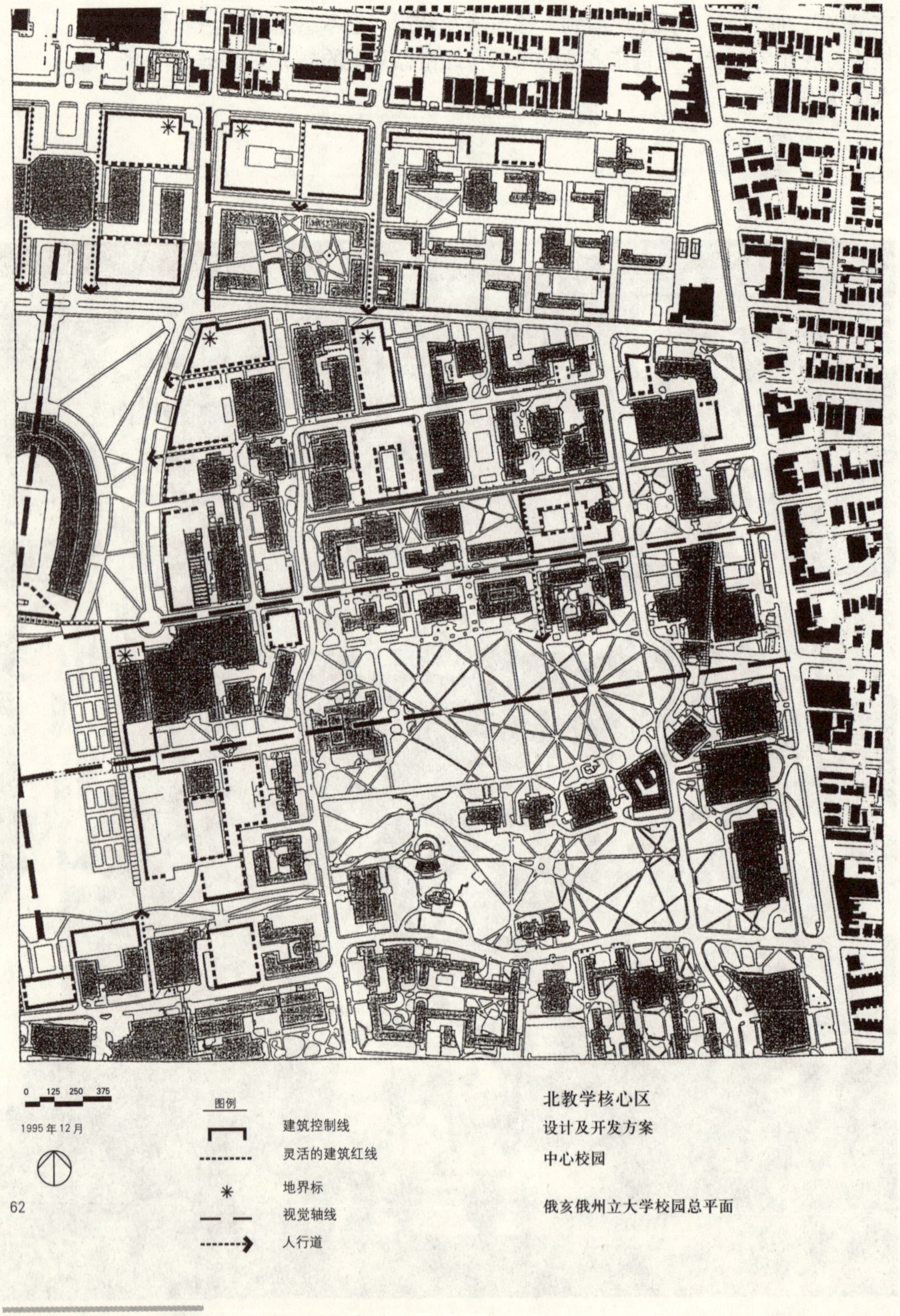

步行道作为设计的构架——俄亥俄州立大学

佐佐木公司的战略目标是：设计校园步行道，美化有历史意义的中心校园沿路的风景。 佐佐木联合有限公司，俄亥俄州立大学提供艾迪生发表在《观众》(The Spectator)中的文章激发了几代牛津诗人和学者在漫步于“绿色草地、鲜花、雨露中”时的联翩想象。1999年迷人的景色，看上去古朴，多年未变样，其实并不是自然风景，而是根据周围环境变化不断进行调整的艺术作品。为了控制洪水，使行人安全、顺达地通过，16世纪艾迪生步行道改变过多次。在过去的几十年中，橡树和赤杨代替了山毛榉，因为山毛榉在坡岸上不易维护。尽管设计得像迪斯尼乐园，但艾迪生步行道令人漫步走过而难以忘怀，在精神上感到很真实。

密歇根大学(University of Michigan）的“诊断程序设计”是历史上著名的传统道路设计实例，以中心校园交叉步行道系统闻名，在美国大学校园道路设计中具有代表意义。在密歇根大学规划方案和规划图中，可以很容易地看出道路的重要性。从中还可以看出美国校园典型开阔方形区域的轮廓。树木沿道路和边界线整齐排列；草坪和树木是方形区域中的塑像般的景观；在设计中，简洁是必不可少的。

道路可以赋予象征性的意义。自从17世纪以来，砖就与校园设计联系在一起。在威廉和玛丽学院(College of William and Mary),

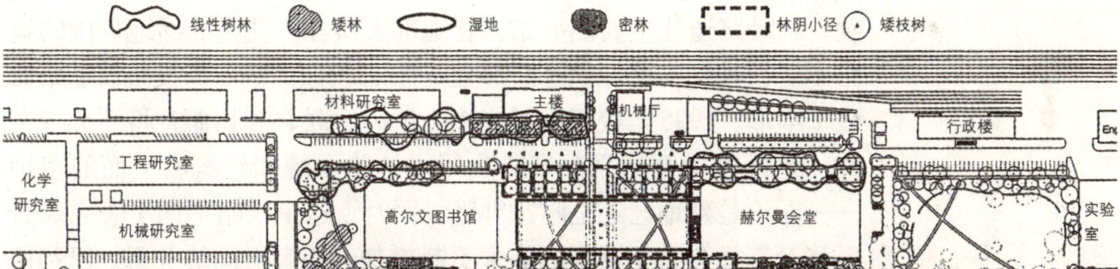

对比、调整和复杂性——伊利诺伊理工大学

六种类型的景观表达形式将局部和整体连接起来，迈克尔·范瓦尔肯堡谈道“这种明确的表达形式与校园建筑的肃静幽美形成对比”。这个规划要求栽种1200棵树，大部分树用于环绕校园中心区。 迈克尔·范瓦尔肯堡提供穿越树林区的小路分离了砖铺路面的校园区。特里尼蒂学院（康涅狄格州）为了庆祝毕业，设有“长步行道”。这里可以看到一块较大的规则式四方形历史遗址，它的设计没有完成。直线中轴路是为纪念牛津大学与剑桥大学的前辈而铺就的。现在被图书馆占用的霍华德大学的“长道”，与特里尼蒂大学步行道的名字相同，也具有象征性意义。它曾经也是毕业典礼队伍的行进区，曾经一度成为新生的禁区——高年级学生的规定——现在是一个辅助路线，提醒人们不忘在学院的抱负和成就。

不列颠哥伦比亚大学的中心林阴路是校园主干道的范例——长长的风景化林阴道或是一个限制行人流量的散步场所。主路的西侧末段有一个玫瑰花园，位于车库一边。东侧道路的末段是新月形的停车站。花园和其他各景观沿主干路线分布。当一个人行走在主路上时，眼前展开一幅美丽画面，给人的印象是：随着天气和气温的变化，这里的景色会有略微的不同。特别令人愉快的景观位于新建图书馆和老图书馆之间。老图书馆的开放式庭院中的石墙与附近大学早期建筑物精美外观相得益彰。绿色植被、灯光设备、旗子、雕塑、表面处理、交错的道路和景观有序排列的综合运用，罗切斯特理工学院（Rochester Institute of Technology）的主要步行道也是校园小型主干道的范例。

俄亥俄州立大学复合型道路系统具有代表性。第一组建筑物组成椭圆形；附近有辅助绿地。椭圆形的道路环绕装饰风格的人造景观，中轴路通往主要图书馆、管理部大楼和大礼堂。绿地周围的道路不是很规则的那种。随着20世纪中心校园区的不断发展，道路修成T字形。1995年校园设计指南（佐佐木联合公司制）将一个复杂的、地区敏感型的景观策略应用于道路系统和建筑物正面的空地——无论是新地区还是附加地区。同时，这个策略平衡了著名风景区和对直线及直角道路的需求不断增加的二者之间的关系。伊利诺伊理工大学使用了很多的T字形道路。

在加利福尼亚圣迭戈分校，图书馆步行道是一个现代道路设计的例子，以装点传统景观而著名。行家认为它是现代加利福尼亚景观设计的代表作。直线道路将视线转向知识的殿堂——中心图书馆。步行者在一侧可以看到一个凉亭，在另一侧则看到一个雕塑花园。装饰性路面以小型长方形石头作为路缘，每一块石头记录着毕业班的毕业年代。

沿着校园道路精心安排一系列风景，如同电影艺术。前景与后景，特写与全景，空间开与闭——这些可感知的、令人愉悦的校园景观，无论是动态的还是静态的，都可以预先决定。景观与环境融合能产生显著的效果。玛吉.罗（Maggie Roe）对树与空间布局方面

马萨诸塞大学，阿默斯特

迷人的景色——金斯博若社区学院(Kingsborough Community College)

道路、建筑物和各种景观相映成趣，人们可以很方便地找到目的地或欣赏这里的风光。 R.P.多贝尔摄影

斯威特·布里亚学院(Sweet Brior College)
斯威特·布里亚学院提供

西得克萨斯农业和机械大学（West Texas A&M）
R.P.多贝尔摄影

的看法并没有完全体现在美国校园中。随着计算机辅助设备的出现，设计者能够建立他们想象的道路三维模式，且可以进行调整。当计算机技术不便使用时，第55页讨论过的地形特征图的画法可以指导道路设计。

大多数校园道路设计系统都不是单一形式的，尽管有几个学校已经尝试建立景观设计标准，希望整个校园统一道路标准，且直观、清晰。校园越古老，建筑物的形式越是多样。同样，这个道理也适用于道路系统，特别是在细化道路上。外观、稳定性、最初成本、维护费用，是每一个满意的设计方案需要解决的问题。铺路地面的颜色、质地、路缘和大小，这些与创作交响乐很类似，每一种乐器既要演奏出准确的单音，还要和整个乐曲的旋律和谐。

正如前面谈到的，表面材质有很多选择——碎石、混凝土、花岗岩、砖、土块、被河流冲刷和冰冻的沙砾，有时候也需要用奇特的材料表明行人正在进入或路过某个特殊的地方。混合和变换材料的方法可以指明道路方向或安全通道、禁止进入区或禁止任意涂抹

沿路——宾夕法尼亚州立大学(Pennsylvania State University)

当道路设计与附近建筑物和景观融合在一起的时候，就能达到极好的效果。如斯威特·布里亚学院融合了台地、拱廊、座椅区。在西得克萨斯农业和机械大学里有粗糙、稀疏、禁止人入内的建筑物，这种场景表明在公共区域美化校园景观的必要性。宾夕法尼亚州立大学的校园景观堪称质量上乘。 迪克西·卡里略(Dixi Carrillo) /EDAW有限公司提供

布局与视觉效果

玛吉·罗的校园步行道树木布局方法，令人想起文艺复兴时期的时尚景观设计方法。

表面。用不同材质和形状的长条或宽带布置，用金属或石头边饰以齐平、锯齿状、凸起布置这些方法区分表面的不同。拐角处也可以是实用性的、乡村的或艺术装饰形式。如果视觉连续是目标的话，一些非同寻常的组合方式就会受到质疑了。

道路要素如边石和水沟槽在长度和深度上有不同，可以是直边的和圆边的，可以磨光、截平或抛亮。排水系统的栅栏可以风格化，与某一种建筑时代的建筑物和景观和谐。如果选取位置恰当，优秀

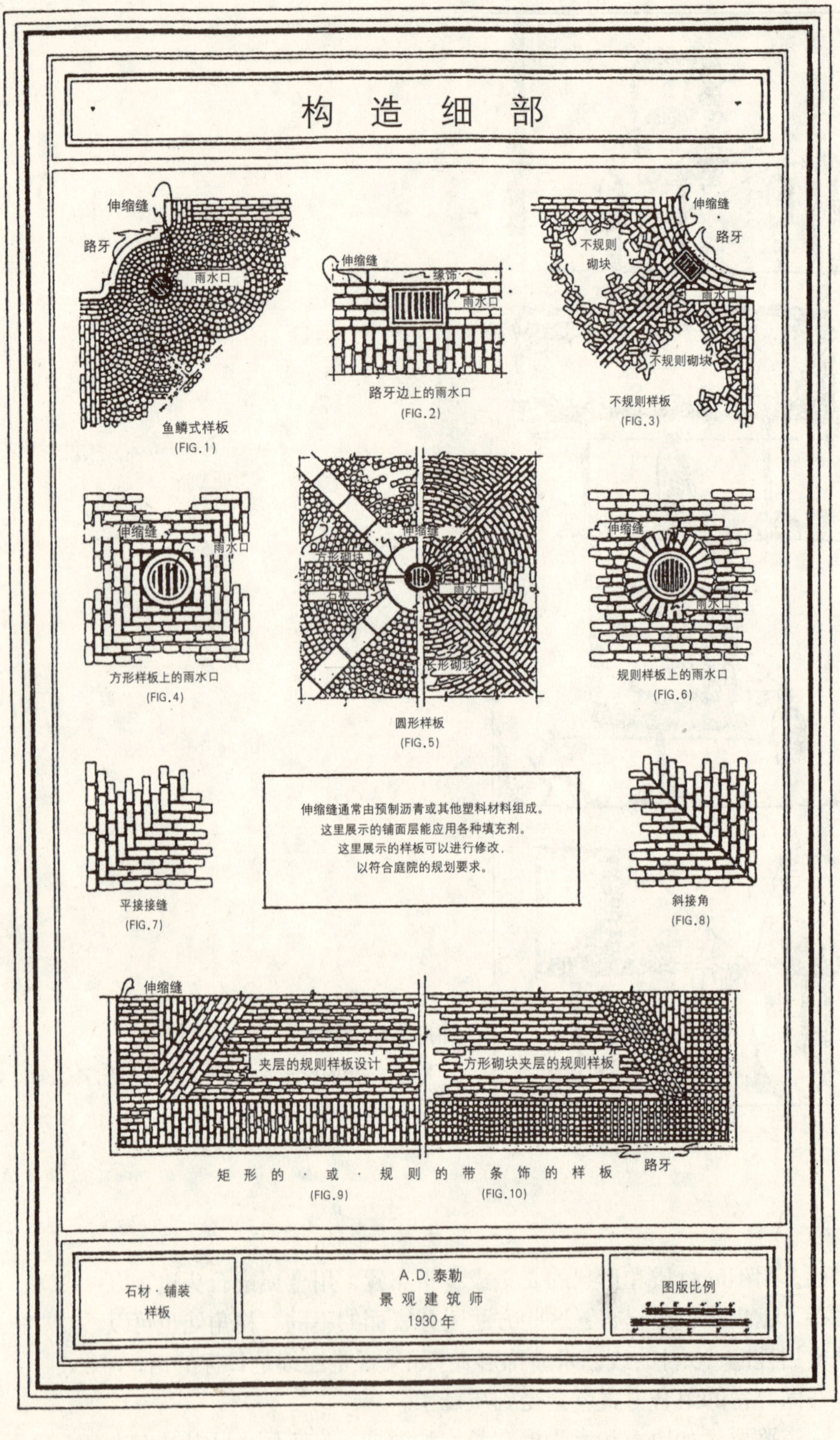

细部经典

20世纪早期景观设计师路面铺装的详细图案，A. D. 泰勒。作者收藏

现代景观的细部处理——圣菲学院

极其简单：碎石、铺路石块、镶边石。　R.P. 多贝尔摄影

质地的表面应该是艺术品；在过去的建筑图中，艺术构图很常见。注意细部能够加强这个地方的认同感。护柱可以是多种形式的：金属的、雕塑花岗岩的、铸件、有或没有反光镜、内置灯光。如同雕塑作品一样，护柱的位置和大小也要合理，尽管有些地区一个容易分辨出的储水池也可以防止车辆通过。与石头相比，金属装置能更好地传达警示作用（禁止入内）。

伯明翰大学(University of Birmingham)的解决办法平衡了功能、形式和特征之间的关系。优秀的铺路地面显示了道路和人行道路的界限——一个恰当的视觉对比，在一侧有树和草堆。内置灯护柱用来指示禁止停车或禁止进入某一地区。整体的设计充分地考虑了行人出入的方便。

稳定性和光滑表面的处理方法——高低起伏的道路是另一个被指责的过失——经过经验丰富的设计者的处理，构造出路面表层、基本层、底基层、路基面和地基。要注意简捷的解决办法和预算。每一个层面的厚度和排水辅助系统都要考虑现存的土壤和地形条件及计划使用的方式。

伯明翰大学

休 · 卡森提供

现代景观细部——宾夕法尼亚大学

石墩和铺路地面显示了行人道和毗邻庭院的分界线，提醒车辆禁止通过。 R.P.多贝尔摄影某些道路要能容纳车辆和行人一起通过——建立服务和维修系统，包括救护和安全，送货和垃圾筒；运送居民的物品或科学家的实验设备或音乐系的钢琴。周全的规划和景观设计方案能消除潜在的不利因素。

沿路线的活动空间和线路本身是交错的。教与学之间的交流活动在不同地点按预定的时间进行。有时，道路设计必须考虑几乎和飞行时刻表那样精确的行动路线。当然，校园生活有许多临时的活动不可能知道确切的路线。但是，从构思上来说，设计步行道路系统能够解决这两种情况。

道路设计有时像民间传说一样，受到风俗的影响。人们常常不厌其烦、毫无疑问地接受和仿效其他地方的模式，甚至没有对任何

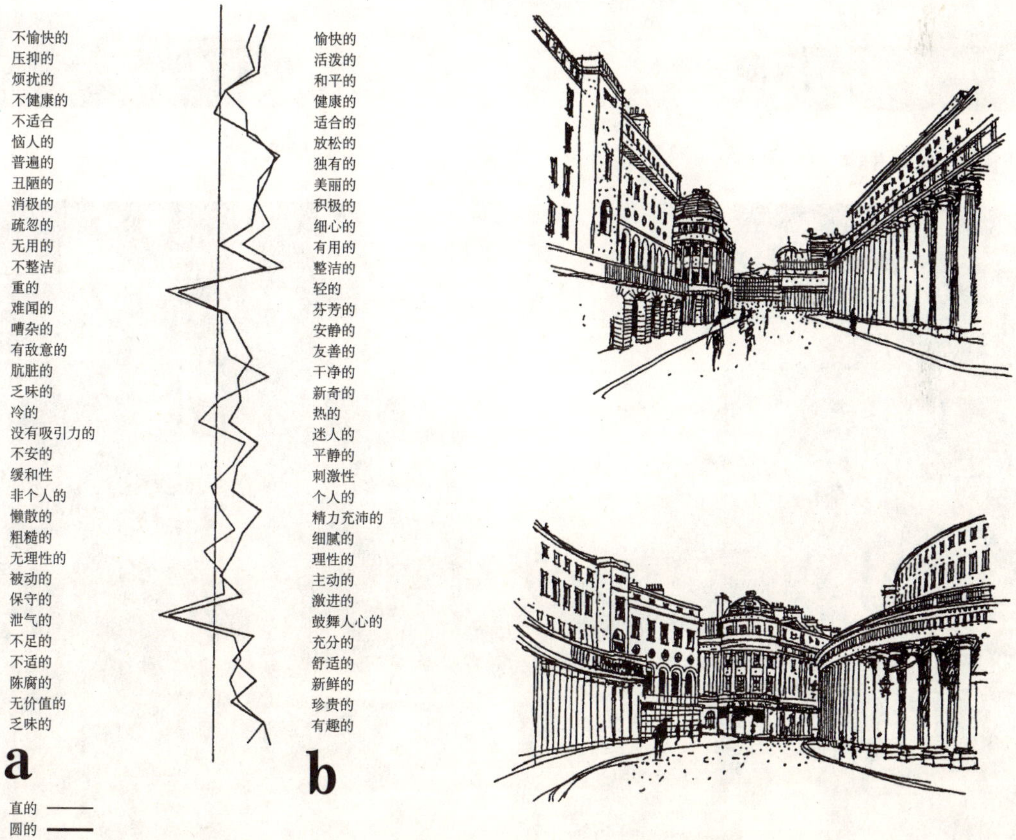

直线和曲线——赫塞尔格伦(Hesselgren)的结论

栏a，消极价值；栏b，积极价值。当问及人们是喜欢直线布局的景观，还是喜欢曲线布局的景观时，人们并没有对哪种类型表现出更大的偏爱。 *作者收藏*

基督教学院，牛津

对比风格——伊利诺伊大学

在所有的校园景观中，典型景观有许多可选的对比方法。18世纪基督教学院步行道服务于毗邻的图书馆，道路是帕拉第奥式风格。而伊利诺伊大学是典型直线式美国校园步行道。后者由佐佐木联合公司设计，他们还在步行道中间设计了自行车道。　R.P. 多贝尔摄影

犹他大学

不同的处理方法——迈阿密大学，俄亥俄

优秀的对比性景观处理方法。在犹他大学，道路与建筑物平行，与一个绿色休息区相接。在迈阿密大学，一排排的花、树丛指明了道路的方向，直线道路与帕拉第奥式弯曲齿状路缘形成对比。　R.P.多贝尔摄影

沿着校园道路精心安排的一系列风景，就如同电影艺术。前景与后景，特写与全景，空间开与闭——这些可感知的、令人愉悦的校园景观，无论是动态的还是静态的，都可以预先决定。

设计提出质疑。因而，近几年社会科学家有趣的研究就备受欢迎。他们花费大量的时间观察和研究人类利用和经过各种环境时的行为和空间感知。正如料想的，他们发现了多功能设计要素之间的交互作用，其中许多要素相互依赖。人们使用道路、沿路参与活动影响了他们对环境的审美和鉴赏，同时也受他们的审美观和鉴赏力的影响。处于特定地方并在这个地方行进（对行程的满意或是不满意）的感知可能会受到规划环境质量的影响。有关规划环境质量这方面的研究能够纠正随意性的设计。在X因素中已经谈到，这种类型的研究摒弃了一些招致非议的问题。人们会选择直线还是曲线？瑞典建筑理论学家斯文·赫塞尔格伦（Sven Hesselgren）在他非常拘泥细节，但还是很贴切的书《人类对人造环境的感知》（Man's Perception of the Man-Made Environment)（斯特劳兹堡，1975年）中，提供了一个答案。

找方向是应用认知心理学的一个总括性的术语。在一些著作，如凯文·林奇的《城市的形式》（Form of the City，剑桥，1962年）中，研究者阐明了一些描述性词汇，这些词汇解释和评价了认知环境中的要素。同时，他们也概述了加强有利要素，增强不足之处的设计方法。林奇的词汇包括：道路、边缘、区、节点和地界标。林奇和他的助手高度重视形式和运动路线的清晰，尽管他们非常欣赏著名的意大利山区古城和密集、不规则、令人视觉模糊的城市地区。

林奇的研究是与麻省理工学院共同合作完成的。戈登.卡伦(Gordon Callen)的《城市景色》（Towscape，伦敦，1962年）同样具有权威性，不规则，更加诗歌化，不完全遵循一般程序。几十年以来，这两种论述激发了对环境质量，或实际环境和想象环境中缺少质量这些方面的研究和探讨。逐渐地、富有成效地，这类观点和信息进入了专业学校教科书和资格考试的内容。

我们进一步引用卡伦的书中的某些词汇，来结束我们对分类学要素的评论和建议。他的高论、引人深思的文章、清晰的图表揭示了如何将标识性景观和普通的细部与视觉感融会贯通，如何巧妙构思它们之间的关系，达到风景优美、吸引人的效果和社会目标。因此，他赞同使用起伏不平的道路："不是无目的地追求波浪线，而是脱离一条看不见的轴线或一个标准。它的主题明确，反映生活本质……它显示了一种情况下的多种可能性。"

卡伦还说"注意细部，训练眼睛注意细部，人所创造的世界就会更加情趣盎然、质地高雅"。在细述道路和自然环境因素时，卡伦赞同"缠绕"，他认为，"乍一看没有意义，进一步研究，就会发现很贴近生活"。关于空间顺序："改变环绕景观是偏离正道的"。从90°角观看，物体偏离中心，"因此，给人一种感觉，这种摆放方法是出于某种目的的”。

故意改变视觉效果如同芭蕾舞步的变换一样，完全可以做到。当人们在空间移动时，为了满足审美欲望，看和体验随意的、出乎意料的景观，需要仔细规划，用一双敏锐的眼睛去观看水平方向和垂直方向的全景和连续性风景。

按照随意的而非计划的方式设计道路，景观设计就像舞台一样可以上升（或下降），这种设计方式的缺陷就是环状道路线条模糊，由此，整个校园道路不清晰。在使用林奇的方法的时候，我们要求道路系统清晰化。在使用卡伦方法的时候，我们赞同道路系统复杂化。当然，较好的方法是灵活运用这两种方式。当定位、设计和美化现有校园步行道时，为了改变道路线条的单调和模糊，这两种方法结合使用并不是自相矛盾的，如同圣奥古斯丁将理性和信仰融合作为均衡、合理的生活标准一样。

2.7 自行车道

▶ 自行车像一匹安静的战马，一旦运动起来要比汽车或鞍马快得多……如果骑自行车的人不把速度限制在合理的范围内，不遵守道路规则，人们也许会要求他们不要在公园道路上行驶。[奥姆斯特德，奥姆斯特德和埃利奥特，《波士顿公园委员会报告》（Boston Park Commission Report），1896 年]

▶ 过去，自行车还不算校园中的一个问题。随着人们对生态、汽车和停车问题的日益关注，自行车成为人们行走、机动车流动以外的第三种流动形式。校园自行车的数量从 1969 年的大约 1500 辆到今年秋季的 3000 辆。校园警察说，这个数字能达到 5000 辆。很明显，从这个上升趋势来看，将来自行车肯定成为校园规划和设计的考虑因素。（明尼苏达大学自然规划和设计办公室，1972 年）

最近几年中，自行车每年比汽车要卖得多。工业资料显示，1999 年美国有 1200 万人拥有自行车。自行车是廉价的交通工具，骑自行车是一项流行的娱乐活动。与汽车从校门到教室门之间的行驶相比，骑自行车省时、省钱、便捷、无污染、节省能源、有利于身体健康。自行车吸引着环境学家和健康爱好者。在某些地区，昂贵的自行车是身份和地位的象征。在有些校园中，自行车扎根于当地文化和校

对于行人、自行车最为密集的中心校区，最好的方法是设计一条适合于二者的步行道。

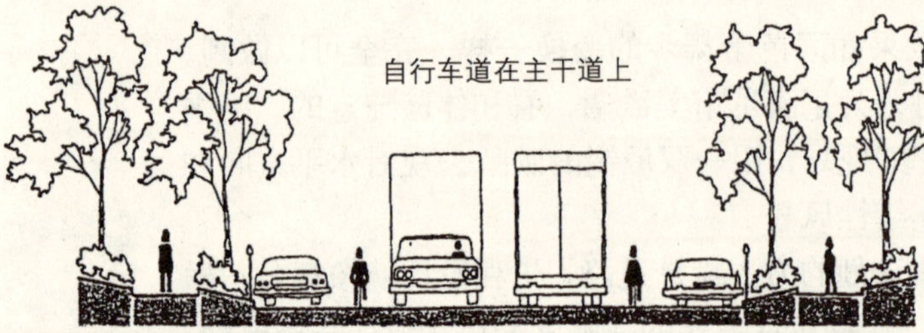
自行车道在主干道上

自行车道在主干道旁

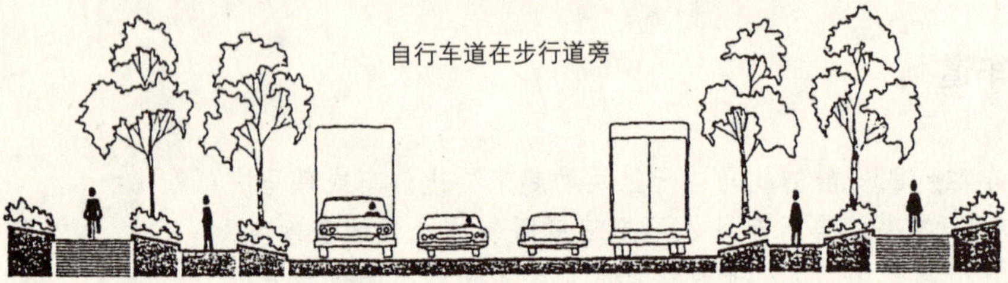
自行车道在步行道旁

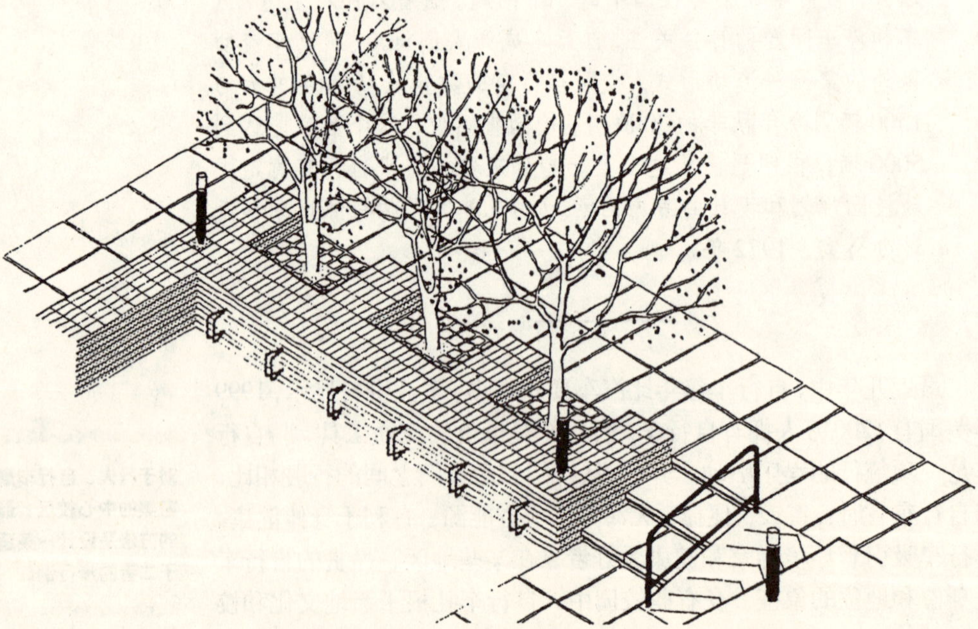

园中。伊利诺伊大学、明尼苏达大学、杜克大学、加利福尼亚圣巴巴拉分校等著名学校都提倡使用自行车。更有趣的是，这四个学校位于不同的气候带，所以骑自行车不受气候的影响。

在校园中骑自行车也是危险的。因为速度不同、车辆类型不同、道路设计拙劣、年轻的大学生喜欢在自行车道外骑车、忽视交通规则，所有这些情况导致了事故的发生。教育和强制性措施也许能够解决这些问题。例如，"在马萨诸塞，从1971年开始，自行车就是交通工具……拥有和汽车一样的权利和义务"。

19世纪末，骑车成为娱乐和运动的一种形式，奥姆斯特德从一开始就看到了冲突和矛盾。因为，在任何风景化环境中，行人享有最高通行权，交通工具服务于人，而不是占支配地位，所以校园景观应采用通行权行使区的设计方法。

"自行车道"是通行权设计中常用的标记。不同类型的校园道路需要不同类别的设计。因此，自行车道就是专供自行车行走的道路；自行车道是为自行车划分出的一个区域，类似于机动车道中的停车道或故障道；自行车路线是指自行车、汽车、行人和骑自行车的人共同使用的道路，通过标识物、灯光、线条和其他指示装置标出自行车道路。见第128页伊利诺伊大学图。

大多数校园都会有这三种类型的自行车道。对于行人、自行车最为密集的中心校区，最好的方法是设计一条适合于二者的步行道。10ft(3.5m)宽，倾斜度小于或等于5%，是最低标准。在中心校区外，有较大的地方可用于自行车道；夏天，防风林可以提供树阴；在夜晚，有灯光指路，整个旅程都是令人愉快的。因为自行车道路同时也吸引着慢跑者和跑步者，所以应考虑给自行车道足够的宽度，防止与前方行人或车辆发生冲突。

自行车停放并拴在树篱、支柱、公用设施杆和柱形物，或任何垂直的、固定的物体上，以防被盗，这既有碍观瞻，又令人很无奈，然而又是很现实的事情，因为自行车及零部件的价格越来越高，保险费用贵，所以，丢失自行车会令人很烦恼。小偷会使用螺栓和切割机迅速地偷走安全装置和自行车。

但是，也有更好的方式，如专人看管的存车棚、存车架。尽管这些设施的位置不能随意移动，但是已经降低了自行车被盗和损害

自行车道（左页图）——设计方法

从功能和审美上将单行道设计与校园其他交通要素结合起来。应该把自行车停车区作为一个特殊的校园景观处理，而不仅仅用于存车。 *作者收藏*

事故的发生。地槽式存车架嵌入雕塑铺路地面上，尽管从书上的照片看，显得很漂亮，但是不容易保持，因为泥土、树叶和其他散落的碎片会将槽堵住。高存车架在无人用的情况下，是被人遗忘的物体。存车架与座位区和休息区结合起来设计，会更方便，效果更好。

在校园中，机动脚踏车和摩托车应是低速机动车。机动脚踏车与自行车混合使用车道是很危险的，而为了安全、便于控制、节省用地和美观，机动脚踏车和自行车使用同一停车区还是可行的。

2.8 校园入口区

许多校园步行道开始和终止于建筑物门口。入口区是用于交谈、交际等促进和丰富校园生活的地方。

许多校园步行道开始和终止于建筑物门口。入口区是用于交谈、交际等促进和丰富校园生活的地方。通常，入口区的建筑设计，无论是传统的还是现代的建筑风格，大多没有意识到，也没有提供这些功能。更糟糕的是，这些建筑设有“请肃静”的标志，人们在室外进行这类活动既不雅观也不方便。见第 121 页。

可以从很多方面纠正这种现象：从校园活动的安排上，促使大家共同参与学校活动；从哲理上，鼓励大家在信息化时代进行面对面的交流；从物质方面，要让美化校园用的有限资金取得最佳效果。当建造新建筑物或修建老建筑物的时候，入口区风景优美能产生积极的效应。作为校园修建项目的一部分，其自身也是有价值的。当代学院入口区设计可以认为是对文艺复兴时期所提倡的寓教于乐、启发教学的响应——或者至少是提供了这样一个地方，非正式地提倡这样做。因此，大量的入口区设计包括了长凳、铺路地面、树木、植物、标识物、灯。如果可行，在入口区设计一些保护设施，防止受不利天气的影响。

2.9 后门区

“Terminus”的字面意思是指某交通路线的终点站。我们在这里用它来表示在一个活动频繁的校园里接送人员，输送货物、垃圾以及其他物品的后门口。据观察，这些地方和校门口一样都能很突出地体现一个校园对构建环境和校园景观的态度和观点。例如说，在某些校园里，这些地方的设计十分糟糕，简直就是对校园环境的亵渎和玷污。通常周围的景色设计可以弥补一些地方设计上的不足，但可惜的是当我们还来不及根据周围道路、其他建筑物以及服务设施的要求决定建筑物的位置时，问题往往就提早出现了。给穿行在

败落、沉闷、糟糕——不知名的大学

校园的中心地区的景象表明这所大学既没划拨资金也没投入时间去改善这个后门口的视觉污染状况。 R.P.多贝尔摄影

人行道的车辆提供停车地点是对校园景色设计理念的又一考验。这些地方主要是给残疾人、客人、出租车、服务车辆及急救车辆提供方便的。在对这种地方的设计上，景观设计又能将实用性上升到一种艺术的水平上，主要注意表面细部的设计、路边车道的设计、植被的选择、灯光的设计以及标识物的选择。

2.10 停车场

▶ 每一个时期停车场所出现的问题都与其他时期所出现的问题有紧密的联系。(美国国家安全委员会，1928年)。

▶ 停车场应该能够给人提供方便，根据这点，停车场应该设置在方便进出的地方。在这里，驾车者能圆满地完成他的旅程，便利地到达他的目的地。一些必要的设施可以消除驾车者对汽车的安全的顾虑，而且可以使他对时间限制无后顾之忧。(伊诺基金会，1942 年)

- 有一流派认为增加停车场设施总比什么也不做的好。对此观点的支持并非提倡盲目增加停车场的设施，而是认为考虑到有关停车场调查情况的不可靠性，最好是哪里最需要增加设施，就在哪里增加。如果事实证明需要增加更多的设施，就根据需要增加。[《解决停车场的问题》(Solving Parking Problems)，商务部，纽约州，1950 年]

- 高等学府就如同城市。在高等学院里，有宿舍楼、居民区、教室、办公大楼、娱乐设施、体育馆、电影院，医院和规模较小的商店。校园有停车场、交通标志和纵横的道路。而且，校园的交通问题也和城市一样复杂。大多数城区的交通规划已经成了一个固定的事实了。就大学而言，系统性地重新规划的可能性很小。因为不同的情况要求不同的解决方法。[威尔伯 · 史密斯，《学院的进入与停车》(Acess and Parking for Institution)，康涅狄格，1960 年]

- 大学应该禁止学生使用汽车或是为学生提供足够的车位。但这并不意味着停车场必须靠近大学的教学楼。[大学设施研究中心,《大学里停车场的规划》(Parking Programs for Universities)，1961 年]

- 对学院和大学而言，更新停车场是一项耗资的项目。需要谨慎地按计划逐步推广既省钱又有效率的方案，而且这种方案能创造既安全又迷人的环境。[苏珊 · A.柯克帕特里克 (Susan A.Kirkpatrick) ,《改善校园设施的规划》(Planning for Improved Campus)，弗吉尼亚，1992 年]。

极力想吸引和招收交费生的学院都把安全方便的停车场视为校园的资产之一。

就像水和水的处理系统一样，道路和停车场形成一套紧密联系的实用的系统。在绝大多数的校园里，污水处理系统（停车场）十分简陋，看上去和露天的下水道没什么区别。露天的下水道极易引起疾病的蔓延，而对于简陋的停车场而言，不仅造成了视觉上的不愉快和车辆的无序摆放，而且停车场的这种位置和设计虽然能让人勉勉强强地接受，也不至于摧毁校园景色的整体设计，但会使它的价值大打折扣。

众所周知，第二次世界大战结束以后，随着高等学院数量的不断增加，规模不断扩大，使用汽车的学生也越来越多了。通过对一

校园的停车场

停车场是景观设计中不可或缺的、必建的、提供方便的因素，又是制约发展的因素。作为报偿，停车场需要承担美化的责任。因此，关于校园停车场的设计问题，人们通常争论不休，占用的时间较校园规划发展的其他方面都多。许多会议记录记满了关于停车场设计问题上的各种不同的观点。 R.P.多贝尔摄影

些学院40年间各个时期的校园规划的仔细研究后，发现停车场大多是一成不变单调无味的构造风格，特别是构建一些规模小的停车场时，只重视对停车场的加固工作。1999年，我曾经访问过全美最好的校园中的一所。这所校园被公认是校园设计的典范，在那里40个停车场总的占地面积为1500m^2，半数的停车场拥有25m^{2}或是稍小的街面停车场。在每个停车场前面的拐角处，你会被一望无边的汽车上的闪闪发光的金属片所吸引。一天中好几次，行人和汽车会在课间玩斗牛的游戏，那是因为学校的教职人员总把停车场当成通向办公大楼的捷径。

自由风格的停车场被公认是行不通的。校园的停车场成为一个令人争论不休和头痛的问题。建在校园中心是对土地资源的浪费。有些人认为建造停车场是学院的责任，而另外一些人则认为是为了给人们带来便利。在如何选择位置和如何设计既美观又方便的停车场方面，设计师面临的挑战主要来自一些现代化的需求，如，能够方便通行的校园道路、安全警示、安全灯示和全自动化控制的大门。然而，由于资金有限，一些能够清楚显示出停车场特征和用来环绕停车场的小路和景色标识很难在数量和质量上达到标准。设计师经常会在面对停车场的面积、选择合适地点和如何设计停车场等问题时举棋不定，以至于举棋不定反倒被认为是有远见的解决方法。

作为校园景观中的一个因素，停车场为设计师提供了一些难得的机会，因为在设计停车场时，设计师能够将功能和艺术完美地融合，形成一种令人赞许的校园设计风格。接下来的是一种必要的但却非常普遍的方法，即对需求分析和可行性停车场设计产生影响的各种条件和因素，在不同的学校存在显著的差异。就一所位于乡村环境中的小规模的学院而言，它显然与一所拥有众多学生、有能力提供卫星系统式的停车场和校园巴士的重点大学在对停车场的设计上大不相同。对一些社会大学的学生而言，他们需要的是合理地平衡上学、工作和在家的时间，而方便的停车场可能对他们实现自己的求学梦至关重要。国家以及地方的建筑条例和法规明文规定必须在建筑物附近修建残疾人专用的停车场。自以为是的诺贝尔奖获得者可以要求在他们的实验室附近修建停车场作为签约的先决条件。在特殊月份提供特殊服务的员工有特权将车停在指定的车位上，这些车位往往靠近高级主管专用的泊车位。极力想吸引和招收交费生的学院都把安全方便的停车场视为校园的资产之一。拥有医院、运动场、体育馆和文化中心等公共设施的学校比那些拥有较少公共设施和娱乐活动的学校更需要停车场。一些城镇把修建停车场的要求纳入城镇的建筑条例和区域划分条例之中，目的是为了不让学生把车停在学校附近的小区里。在大城市，当冬天恶劣的天气影响到从中转站及巴士站到学校的交通时，那种因为公共交通很方便所以应该尽量控制学校停车场的规模的观点受到了质疑。

由于存在多变性和不同的环境，至今为止还没有统一的停车场的标准适用于各个地区和各类学院。设计师可以从同类学院中收集有关学院现有条件和停车场修建情况的数据资料，作为规划的参考。比照同类学院的情况，以衡量需求或是确定资金数量。如果可行的话，那么设计师可以从这些数据中推断出合理的设计目标。

通常情况下，实施街面停车场方案比露天停车场方案要便宜一些，而实施露天停车场方案又比封闭式夹层的停车场方案要贵一些。而这几种方案实施起来最贵的就是地下停车场方案了。

考虑到用以行使停车场功能的校园景观的外观及其潜在的积极的影响，设计师最好开始先建议不要修建路边的停车场，然后提出设计的随意性可能导致随处可见的小规模的停车场在校园中心地带大量涌现。至少，这种停车场中的绝大多数可以从校园中心比较显眼的地方迁走，将其固定在其他地方。考虑到外观问题，如果说汽车无序停放是一种痼疾的话，有条不紊地进行重新设计就是治疗这种疾病的方法。停车场专家苏珊·A.柯克帕特里克（Susan A. Kirkpatrick）在密歇根忘我地工作，给设计师们树立了学习的典范。在面对以危险、尴尬以及不美观为其特征的230个简陋的停车场时，设计师要有条不紊地记录这些停车场在功能和审美上的缺陷，这样才能确定在具体位置的修改方法。这些修改方法中许多都只是常识性问题，并不需要训练有素的审美情趣，有时甚至需要一些工程师所具备的知识。柯克帕特里克在她1997年向各大学规划年会提交的报告中提出了一些实用的意见，可用于设计一些高档的校园停车场，这些意见包括良好的路边设施和排水系统，“将那些正在不断增多的多余的不协调的标志移走，选择一些能适宜城市干燥天气的树木，修筑围墙不要高于3ft(0.9m)，既可以掩盖停车场有碍观瞻的地方，又有利于对停车场进行安全监控”。

就如何应对不断涌现的小规模的停车场，一封来自威斯康星大学的通告介绍了新的解决方法：“我们欢迎您来我们学校参观，也希望您能分享我们对美的钟爱。但不幸的是，如果您驾车前来，您会碰到一点麻烦，这也是我们的麻烦：没有足够的泊车位。我们已经意识到这样的布局并不合理，而且可能会带来一些烦恼……但请记住您所遇到的麻烦也就是在校学习和工作的学生和教职员工的麻烦。”对威斯康星大学而言，为了保持校园的景致，修建卫星停车场和巴士系统是十分值得的，然而在时间天平的另一端，一些新兴的学院，特别是一些人口流动性较强的学院，完全改变了校园的规划，校园的中心地带成了自由停车场，而且很多汽车随意停靠在路边。而在校园景观规划理念中，这些地方应该被大片大片的树木所覆盖。

虽然这一新的观点在原则上会吸引一些比较古老的校园，但由于一些恒久不变的建筑物和固定的土地使用模式，在路边修建停车场的目标并不容易实现。1960年在辛辛那提大学所进行的深入研究，以图解的形式介绍了在一些固定的中心地带修建停车场的各种设计方案及其效果。他们善于使用倾斜地形修建阶梯式停车场，或是修建地下停车场。学校可能会选择面积不大的中心地带为教学服务而不是修建停车场。这里没有提及的是将这三种可能性综合起来的方案。然而，每幅图解都有一个意义非凡的意图，就是努力把校园景观建成一个缓冲地带或是给人们带来愉悦的地方。

一些专家们建议在校园的规划中原则上应该是每隔1000ft(305m)修建一座停车场。当设计者为了解决停车场的设计问题而去对那些影响设计决策的因素进行考察时，他应该考虑以下几个问

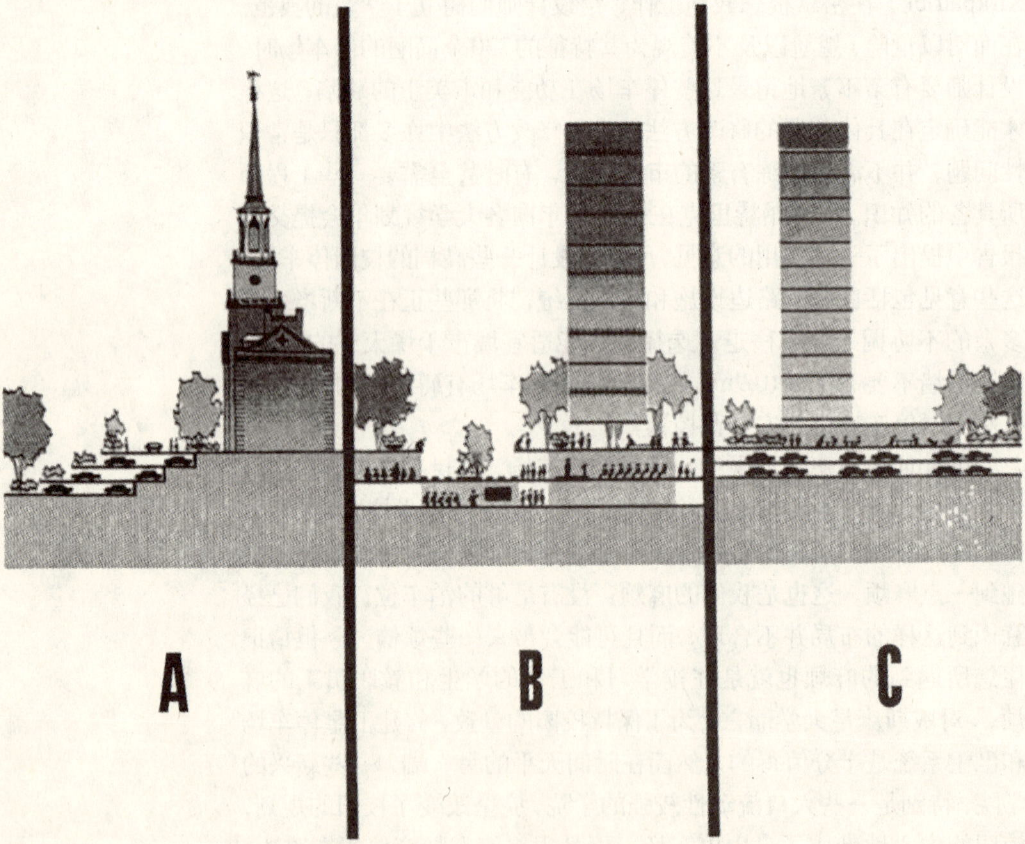

辛辛那提大学
作者收藏

题：可供使用的土地、土地的特征、气候、必须达到的目标、修建停车场的费用，并对各种方案进行可行性评估。通常情况下，实施街面停车场方案比露天停车场方案要便宜一些，而实施露天停车场方案又比封闭式夹层的停车场方案要贵一些。而这几种方案实施起来最贵的就是地下停车场方案了。如果每平方英尺的土地价格高出混凝土街面停车场方案估计的成本价格3.5个点或更多，就应该考虑多元方案。对任何一种方案来说，校园景观设计所带来的积极影响是不言自明的，应该包括在工程的资金预算中。

所以应该具备以下四种模式：一座小型的封闭式的阶梯停车场，夹层停车场的正面有一些吸引人的景观，在地下停车场上面修建花园，在运动场底下修建停车场以便有效利用土地资源，而且这种理想的停车场可以为附近的建筑物创造绿色的环境，比起只有金属闪

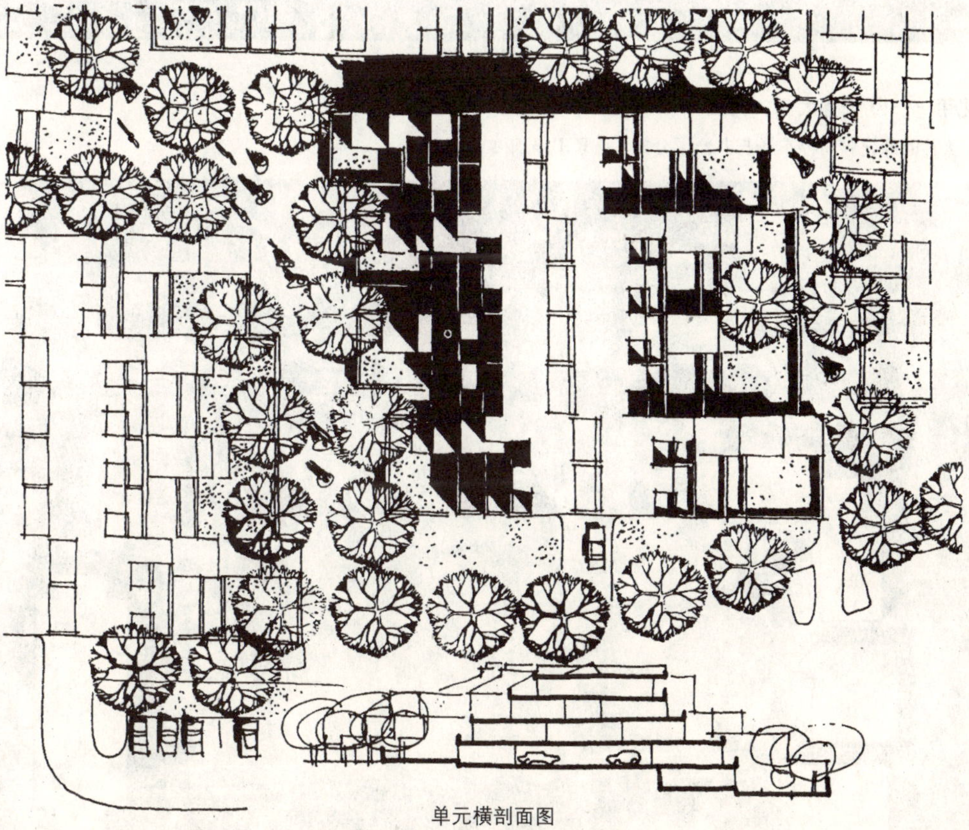

单元横剖面图

停车场的各种方案——康涅狄格大学

异曲同工之妙（上图和左图）：利用地形上的改变调和一下停车场带来的视觉效果，允许校园景观得到充分展示。　多贝尔-利茨盖-克雷格联合股份有限公司提供

绿化带——欧登塞大学，丹麦

大片的绿化带将停车场与办公区分开。 R.P.多贝尔摄影

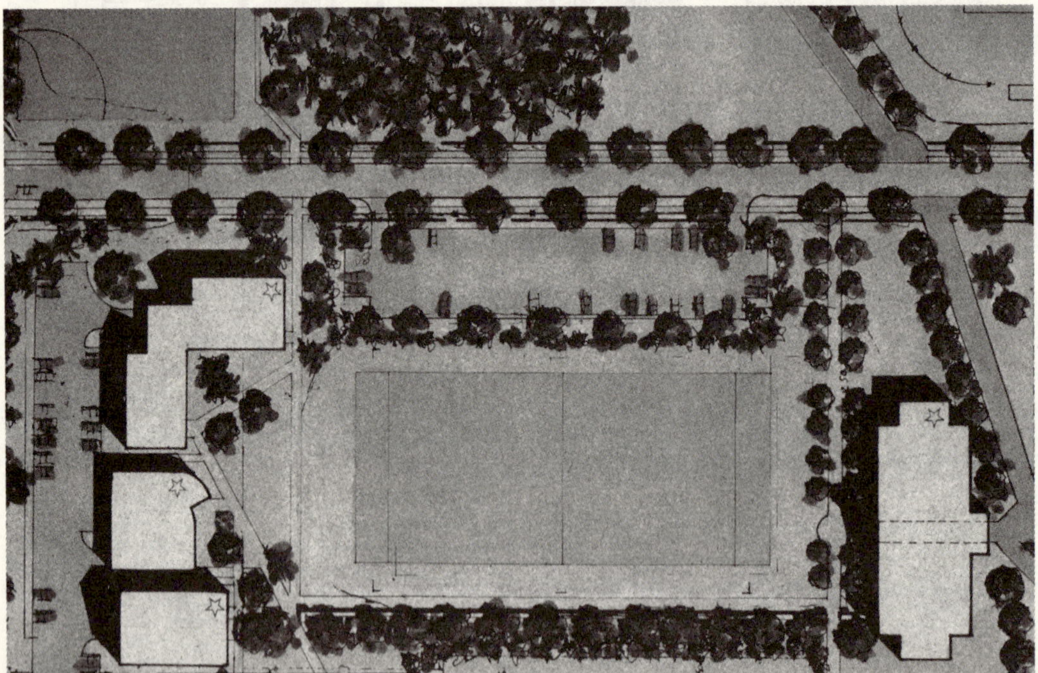

将运动场设计成绿化带——贝茨学院

绿地、树林交替变化形成一道道绿化带，在这幅图中，运动场被定位为绿化带。多贝尔-利茨盖-克雷格联合股份有限公司提供

外形——克兰布鲁克学院

环形的停车场是可行的，但需要一些设计技巧。 斯蒂芬·霍尔(Stephen Holl)提供

停车场的入口——墨尔本大学

绿色草坪覆盖了停车场的一层，入口雕有造型奇特的两组女像柱，作为其标识物。 R.P.多贝尔摄影

亮发光的停车场要好得多。

缓冲区。一大片天然的绿地（也许会使人想起海盗举行仪式的山丘）可以成为停车场和欧登塞大学（丹麦）办公楼之间的绿色缓冲区。大片的绿化带更强调了土地使用的功能不同：停车场、绿化带、建筑物区。布赖恩特学院的设计者提议在程度上做细微的修改也可达到同样的效果。在贝茨学院，运动场作为绿色缓冲带将停车场、宿舍和筹建中的校园中心区划分开来。

造型。克兰布鲁克学院建筑师（The Cran brook Institute）将圆形的停车场构造成一个设计元素，与矩形的建筑群相映成趣。伫立在停车场中心的发光的圆柱被当做雕塑的元素。周围茂密的树林景观更加强了停车场的弧形效果（是与矩形建筑物的创意性的调和）。

层次感。在墨尔本大学（澳大利亚），停车场是平房车库。在平房车库顶上种满了树。车库的入口设计并不讲究，而行人入口则被

威斯敏斯特学院

21 世纪的校园规划

位于停车场上的运动场

停车场上的运动场

根据学校理事会的明确指示，在校园规划中运动场将建在汉森场地上，在拥有360个停车位的停车场上修建一个大型的足球场，包括大片的外围场地。与众不同的是，在这个设计中，运动场将修建在一个占地面积很大的停车场顶上，而这个停车场修建在平整后地坪面标高位置或将高出这个位置。采用开放式建筑结构，因而不需要装置通风设备，摄像机以及巡逻警可以随时监控停车场内的一切情况。

运动场与校园里靠西的中心商业街位于同一水平线上。在教学区的中心地带可以清楚地看见运动场，运动场和其周围延绵不绝的树林形成了一条绿色的林带。运动场外围场地就像小规模的建筑物一样周围种满了树、灌木和绿藤。在运动场与医院、福利大楼和体育馆之间的平整后地坪面标高一小块地可以专门用来修建一座小规模的花园或是有雕塑的庭院。在这小块过渡区里，每天很多人轻松愉快地漫步走过，或许这些人流连忘返仅仅只是为了闲逛，或是为了与同事会面。这个小区的设计思想同设计通往教学区的校门口相同。这儿是一个转换区，驾车者在这里成了步行者。而这些区域也被认为是通向学校圣地的通道且很受学生喜爱。这里是放置长椅或其他座位的理想的场所。这些座位沿着这些小路遍及校园。

层次感——威斯敏斯特学院(Westminster College)，犹他州

与墨尔本大学设计理念不同的是，这里在停车场上面修建了运动场。 多贝尔-利茨盖-克雷格联合股份有限公司提供

中心广场：过去和未来——明尼苏达大学

停车场改建成地下车库，在车库顶上修建了一个中心景观广场。明尼苏达大学，规划办公室；克林顿·N.休伊特提供茂密、迷人的树林所包围，在入口的大门上还雕刻有两组引人注目的女像柱。这所大学在停车场顶上修建了运动场。地下停车场经济实用，有效地利用了土地资源，将停车场和运动场结合起来。

深埋式。运用大胆的创意和精湛的技术，明尼苏达大学将小型的停车场改建成多层次的地下车库。在原来的停车场所在地修建一个中心景观广场。这项设计包括树林和草地的分布情况，长椅的摆设和灯光的组合。从车库经人行道可到达最近的建筑物。

阶梯式。当全国范围的校园及其他场所认识到能够解决无序停车问题的必要的解决方法就是修建阶梯式停车场时，他们再也不会吝惜修建停车场的资金了。最近，在中央康涅狄格州立大学、肯塔基大学（University of Kentucky）、俄克拉何马大学和普林斯顿大学（Princeton University）有些项目既有令人称道的设计又有良好的绿化效果。

校园空间分类

▶ 如何说服那些无动于衷的人们相信景观建筑师的设计艺术在本质或模仿形式上是有审美基础的而且是精心设计的结晶，而不仅仅是对自然进行修复，这一问题一直困扰着景观建筑师们，而且现在更是他们的心病……不管是何种形式的美大多都是人类劳动和智慧的结晶。[查尔斯·唐宁莱，《空地构造》(《景观建筑》，1918年1月)]

▶ 现在我们可以信心十足地勾画出美国景观设计的理想模式，至少是那些专业大师们向我们显示的那些模式。

有三种出色的理想模式：

1.修建一座温暖舒适而漂亮的郊外小居

2.创造一座干净卫生且方便漂亮的城市

3.保护和解释本地的景观资源[弗兰克·A.沃，《美国绿化设计的理想模式》(《景观建筑》，1925年4月)]

▶ 人们对景观的关注程度、兴趣和偏好直接受文化传统和风俗的影响。设计者有绝佳的机会去实践各种绿化方案。设计方法上的改进和发展是必要的。但这种思想和发展并不源自一种传统方法，而是来源于实际工作的需要。[琼·艾弗森·纳索尔(Joan Iverson Nassauer)，《文化与不断发展的绿化设计》(《景观生态学》，1995年)]。

庭院式空间——威廉和玛丽学院

托马斯·L.威廉斯；威廉和玛丽学院提供

校园空间本质上应算是景观。它们在已被建筑物侵占的主要自然保护区中并不属于有创意的功能性的艺术品。由于绿地规模和类型的不同，空间的设计也各不相同。在考察了成百上千个校园绿化方案后，可以简单地将空间的设计分为三种：庭院式、学院派和纪念性的。(见第147~149页图)。

设计一个小镇或社区的目标似乎与高等教育的绿地有关。应该把校园设计得既方便又干净，因此，校园设计在对主要建筑物、空间（包括草坪、树林和灌木等）和交通进行传统的处理或非传统的处理上与城市设计有相同之处。一些观念传统的设计师对环境问题很敏感而且善于在环境中捕捉灵感。他们认为在构思传统或非传统设计方案时，应该把现有场地特点、土地条件和周围气候考虑进去。然而，多年来对一些有缺陷的校园景观规划的考察证实了这一基本原则并不属实。因为它并没有对风格和美感的表达方式加以限定。

学院派空间——芝加哥大学，赖尔森大厅

考法恩（Kaufann）和法布里（Fabry）；芝加哥大学提供

我们主要讨论现今较典型的情况。首先，详细介绍校园景观的主角，从绿地在外观和内涵的重要性来看，它应该属于历史性空间。作为校园生活的主要布景，遗留下来的绿地的存在以及它的质地可以衡量和证实富有纪念意义的景观的发展历程。而后，我们将通过图片以及解说定义二级和三级空间，最后介绍水景观和旱地景观。这两种是以水或旱地的多种结合方式为标志的校园景观项目。

现今，还有一些新的景观理念未被付诸实践，因此未将其录入此书中。新世纪的研究在不断扩大和加深我们对纳索尔教授的所谓的“可能性”的理解，随之不断有新的理念和模式出现。例如，在以生态理念为基础进行景观设计时，不仅要考虑科学因素和人类行

纪念性空间——美国空军学院

空间——三块绿地和整体校园景观概貌。庭院式空间指的是威廉和玛丽学院建于17世纪的建筑（147页），即有一块漂亮草坪的大庄园。学院派设计方案主要包括绿色景观及有古老高等教育传统的建筑群（148页）。不论是传统或是新颖的设计，其突出的特点就是在建筑群正面有一片草坪和一片树林，而且通常还有一个辅助物，例如，芝加哥大学的赖尔森大厅的常春藤。纪念性风格的设计方案是空间建筑理念的宣言书，这个方案不以创造美丽如画的景观为其设计目标。美国空军学院可能是新世纪这种方案的典范了。 美国空军新闻署（USAF News Office）摄影

为模式，还要考虑文化价值。纳索尔说：“任何可能的景观方案都应该是以文化价值和生态知识为基础的景观设计。创新设计是以现有理念为基础，对固有模式的超越。”我们的分类学在理论上和实际应用中都留有想象的空间。

2.11 历史性空间

作者收藏

历史性空间主要用来举办露天的校园典礼、仪式、重大露天宴会、小型和大型露天社会交际活动、正式和非正式的会晤和讨论以及露天娱乐活动（独唱或合唱音乐会），在风和日丽的时候，有时还把历史性空间当作户外课堂。

历史性空间——布朗大学

无论新旧，一些校园的开放式空间成为学校本身及其职能的标识——历史性空间，例如布朗大学前门的绿地。
作者收藏

历史性空间一般通往附近的建筑群，是这些建筑群决定空地的构架和形状。历史性空间是绿色的枢纽，连接着纵横交错的小路。在已建或未建成的校园规划公式中，历史性空间算是对比的因素。空间中的一些艺术品和人工制品通常会给游客们留下较深的印象，在一些学校的画册和招生手册里通常布满了校园中最人性化的景观。在呼吁捐款时，这些景观通常会成为学校宣传的重点，目的是为了引发校友和朋友对校园生活温馨的回忆，而这一切对于呼吁捐款这一收益丰厚的活动至关重要。

历史性空间通常是文化传统的象征。虽然这一观点经不起仔细的推敲，但人们心目中校园的形象总是与它联系在一起。无论是对身穿制服的游客还是身穿便服的游客而言，哈佛的庭院是殖民地风格的校园景观的典型代表。当然，一些地方往往经历了几十个世纪的洗礼，而且现今还有其存在的方式。这些地方往往能引发人们对所谓古老价值的敬畏和崇敬，与这些地方近代的学术活动及学校的生活没有多大的关系。

关于形式，那些用来描述原有空间的名词是真正反映高等教育生活的，例如，树林、方形庭院、草坪、椭圆形球场、广场、购物广场和商业街。它们都是建筑的最佳艺术伴侣、被人认可和受人敬仰的艺术中心以及有校园象征意义的建筑设计。审美家们把设计分为规则和不规则两类。因此，那些未经专业训练的人只是觉得设计师在模拟或展示天然的草地，或是按照几何学的原理、根据清晰的空间格局对天然的草地进行重新设计安排，一行行、一排排、有层次地安排植被的结构。当人们的审美观念慢慢成熟了，他们会觉得最佳的历史性空间应该是场地历史的饰品、精品园艺的组合。草地和绿叶季节性变化颜色，如马赛克斑驳陆离。往往初看时觉得凌乱，习惯后就发现这是给众多人们带来快乐的地方，而不仅仅只是勾起个别人、推销者或募捐者凝固的记忆。

现在让我们介绍布朗大学的草坪，它同样是独具特色的校园生活的典型代表。在草坪的三面边缘上，一代一代的人修建了他们的那个时代或是他们心中最完美的建筑物。虽然现在可能有一些评论家对这些建筑物有不同的见解，但谁也不能否认布朗大学建筑风格的质量和魅力，也没有人能够以任何理由用其他的绿化模式来重新设计构造这种朴实的绿化模式，因为任何的修改都极有可能造成层次失调和视觉上的不和谐。

这些被人赞许的早期空间，有些似乎静止不变，而有些似乎需要进一步的修饰。任何一种情况都有其合理的原因。在弗吉尼亚大学里，托马斯·杰弗逊的“学术村庄”正向未来迈出具有重大意义的一步。经过最近的整修之后，它成为永恒不变的偶像。哈佛庭院的树林改造计划意欲忠实于古老的建筑风格，但是考虑到树木的新陈代谢，需要增加一些新的绿地。这一计划也是一个依据当代品位和需求调整路径和景观的机会，因此大受欢迎。

历史性空间的分类

历史学家和评论家往往把校园景观分为“开放式”或是“封闭式”，“城市化”或是“田园式”。如此简单的划分，用因果关系就可以理解基本的不同，不过所有情况或是变化也都可用因果关系来解释。开放的模式被认为是非常美国式的。建筑物大都分散各处。路过的人一眼就能望到校园里面的风光，并被校园的布局所深深吸引。建筑物分散布局还能减少火灾，最大限度地享用自然光，这一原因可能真的源自于美国人的偏好。据说封闭式的模式是欧洲式的，在形式上仿造隐修院和宫殿的早期建筑，主要是一些围起来的领地和庭院。后文我们将讨论这些截然不同的场地设计和景观（规则和不规则的）。在某些地方还能发现一些具有国际色彩的建筑物，例如，位于西南的校园购物广场就是西班牙裔先辈遗留下来的。

以上的一些评论只适用于现有的校园、普通情况和我们所关注的校园。现在在北美洲大约有4000多所高等学府，在未来的几十年里，将增加百余所学校。因此，我们将考察一组现存的历史性空间，目的是为了研究它们是如何建成的，把它们作为立体文化——理想和成就真正有价值的见证——来欣赏，通过归纳和推理就它们的维护和整修提出建议。一些新建的校园将修建与之媲美的绿地，随着时间的流逝，它们中的一些绿地可能也成为历史性空间。然而，现在我们要讨论的是纳索尔所说的“可能性”设计，这样的设计如果能够实现，将可能被后人列为未来的历史性空间。

先例及其重要性

当流行的设计风格不断变化时，是古代的荣耀和审美内涵让这种空间魅力永存。从成千上万篇有关校园设计内容和决策的历史资料中提炼出设计精髓，从文化传统凝聚出推想，最终可以将设计归为两大类：规则与不规则。就后者而言有些人认为校园绿化方案中田园式设计源自于文化的理念。持有此种观点的人们通常喜欢在奥姆斯特德兄弟、奥姆斯特德兄弟的前辈，安德鲁·杰克逊·唐宁以及他们的风格各异的跟随者所设计的树阴下散步。在这种设计理念的指导下，设计者应该了解既定的现实环境，根据实用性的需求在适当的范围内让自然地貌和绿化带成为校园风景中的主角。根据这种设计理念，设计者所做的工作只是对现实环境进行调整。弗雷德里克·劳·奥姆斯特德写道：“人们改变、调整这块土地和土地覆盖物的目的是为了使绿化效果更宜人，而不仅仅是使其成为很有造诣的艺术品。”加利福尼亚大学、圣克鲁兹和韦尔斯利大学都是这种设计理念的代表。

许多种手法都能达到规范的效果，最明显的要属具有浓厚修道院色彩的方形庭院的设计方案或是在耶鲁大学的神学院和迪拉德大学里杰斐逊式的扩展商业街，令人瞩目的深受城市美化运动影响的设计方案。后者数十年间一直在校园规划中占据主导地位。其主要理念是“城市艺术的最高境界是既能达到实用效果又能以艺术美化城市”。[(C.M.鲁宾森(C.M.Robinson)《现代城市艺术还是人工美化城市》(Modern Civic Art，or the City Made Beautiful，纽约，1888年)]。

1893年芝加哥哥伦比亚世博会引发了各种见解，有关城市美化的论述、文章及著作，其中包括鲁宾森的著作，在负责建筑和土地的理事会成员中引起很大的反响。他们对鲁宾森有关校园规划的观察报告提出了质疑。鲁宾森在观察报告中指出：“一座座建筑物拔地而起，不断地积累了资源，并创造了灿烂辉煌的景象，然而这些星罗棋布的新建筑物是否让大学失去自己的根基呢？”这些景象“没有系统、没有条理、无意要产生整体效果，然而整体效果留给人们的印象往往比任何一系列的个体效果要深刻得多”。因此，鲁宾森评论道，在芝加哥世博会上，最令人津津乐道的经验是协调一致，对建筑物和周围景观的布局要同建筑改造一样严谨，这些工作都需要协调一致。这些程序确立了一个目标，一个值得为之奋斗的目标。为此，要确保每一步骤都是按最终视觉效果的需求进行，每一步都进行得非常出色。这一要求也适用于城市中心和医院的设计。这些建筑物在设计方案、形式上和不定期进行的改造方面与校园规划的审美观念很相似。

吉森斯的布局

就像在接力赛中不断传递的接力棒一样，在整个20世纪30年代后期，人们总是在反复强调城市设计和校园设计之间的联系，并把这种联系奉作信条，如托马斯·亚当斯所提到的“已经就重点大学的各个部分进行了细致的规划了。”以及他依据图示对校园与政府和城市中心的设计进行的比较。[《城镇规划的全貌》(Outline of Town

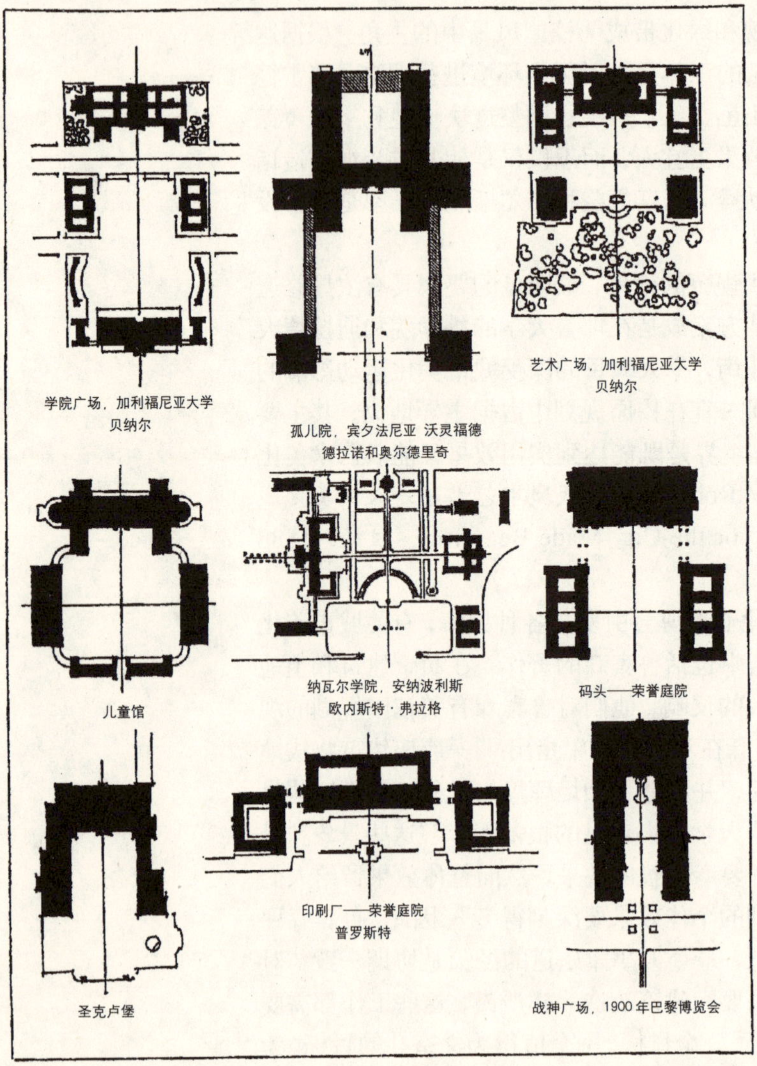
学院广场，加利福尼亚大学
贝纳尔
孤儿院，宾夕法尼亚 沃灵福德
德拉诺和奥尔德里奇
艺术广场，加利福尼亚大学
贝纳尔
儿童馆
纳瓦尔学院，安纳波利斯
欧内斯特·弗拉格
码头——荣誉庭院
圣克卢堡
印刷厂——荣誉庭院
普罗斯特
战神广场，1900年巴黎博览会

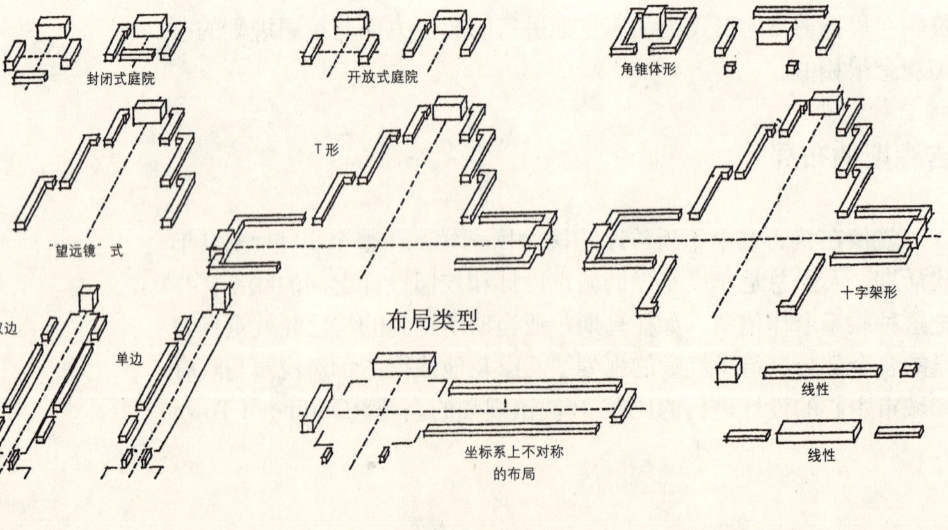
封闭式庭院
开放式庭院
角锥体形
T形
“望远镜”式
十字架形
林阴大道双边
单边
坐标系上不对称
的布局
线性
线性

布局类型

and City Planning)(纽约，1935年)]。虽然城市设计理念很快就被兴起的现代建筑理念所取代，但现今又浮出了水面而且引起了年轻一代的兴趣。加拿大的景观建筑师罗伯特·奥尔索普暗示“人们渐渐认识到能容纳其他建筑物的空间的模式和形状对合理的城市设计的重要性。”奥尔索普于1991年3月在绿化设计期刊《景观建筑评论》上发表了一篇标题为《城市设计：回归传统》(Civic Design:The Return to Traditions)的评论文章，受到了社会的好评。在文章中，他简单地介绍了一系列建筑项目的情况，向世人展示了古老的思想如何再次流行。

我们接受奥尔索普的独到见解。假设新的船舶顺着清新的微风驶入古老的海域，这段心路历程对在校园规划中寻找帮助的设计者们有什么好处呢？艾尔弗雷德·莫顿·吉森斯(Alfred Morton Githen)有关校园空间布局的图片[《砖材建筑史》(The Brickbuilder)，1906年9月]，似乎涵盖了所有可能的布局形式，而且阐明了景观设计艺术在艺术论坛中所处的位置。当城市美化运动已被推广和广泛应用时，吉森斯的阐述起到了抛砖引玉的作用，介绍了有关城市美化运动的必要性和应该注意的问题。

吉森斯的文章中多处都充分体现了黑格尔的信条：“我们美国人是建筑业的开拓者，没有束缚我们的传统。”吉森斯希望学院的设计保持一定的一致性。“很难去猜测为什么美国的建筑物如此多种多样，各不相同，似乎每个人都有自己的理论去表现现代和本地的生活环境，因此每个人只是从头开始发展自己的理论而不是对已有的形式做进一步的发挥。”席卷杂志和出版社的形式创新主义浪潮使吉森斯更加困惑。吉森斯承认“在一定程度上校园似乎是美国学术派的代名词”。在一次有教育意义的图片分析中他提出了10个有关布局的设想：封闭式庭院、开放式庭院、角锥体形庭院、望远镜式、T形、十字架形、单边和双边的林阴大道、在坐标系上不对称的布局和线性布局。关于绿地，吉森斯并没有提出具体的规划，而只是举出了两个校园绿化设计的范例：加利福尼亚大学的艺术广场，还有以塞文和切萨皮克河(Severn and Chesapeake Rivers)为中心的安纳波利斯学院(Annapolis Academy)总体对称布局。

在关于形式的论述中，吉森斯察觉出了对立：“古典派与哥特派两种设计风格之间的争斗。”前者是一种“学术性”方案(词的本义)，

吉森斯的创作（左页图）

艾尔弗雷德·莫顿·吉森斯本着城市美化运动的精神初次尝试对校园空间分类的一些例子。作者收藏

寻求的是最完美的简洁效果。一般说来，布局越简洁就越成功。后者属于回归自然的方案（词的本义），其建筑物和建筑在空间的轮廓都是不规则的。这种方案寻求的是一种出奇制胜的效果，而不是经典的宁静和理性的效果。吉森斯承认“每一个流派都有其坚定的拥护者和反对者。任何一个阵营里的人都看不到另一个阵营的优点，因此痛苦的辩论战一直在延续。在未完成对各流派的游说之前，妥协的机会十分渺茫”。在这场争斗中，显然景观建筑师是无辜的旁观者。那些专业评论家似乎把建筑师的地位摆得比较高，原因何在，粗略地浏览他的文章很难看出端倪。在吉森斯时期前后，哈佛大学的图书管理员卡凯琳·麦克纳马拉(Katherine McNamara)在《景观建筑》杂志1～25期刊登的将近650篇文章、评论和评论性文章中点评了学院、大学和私立大学的四类设计师。

而另一方面，具备了总结设计准则的能力，例如，吉森斯非常专业地对布局进行了分类，并不意味着在相关问题上有明智的前瞻性的判断。吉森斯十分欣赏一些地方的封闭式的布局，尤其是隐修院风格的布局。他写道：“一个学校应该是一个独立的社会，越少跟社会接触就越能发扬学校的精神。”建筑师艾尔弗雷德·格兰杰是伊利诺伊美国建筑师学院（Illinois American Institute of Architects, AIA）的前任院长，他详细地阐述了有关场地设计的观点（1931年）：“如果是男女混校的学院，则女生的宿舍、食堂和厨房应该与男生的分开。在这种情况下，教堂最好修建在宿舍楼之间，这样教堂就成为学校显眼的建筑物了，成为精神生活的中心。”另一方面，谁又会向格兰杰的权威意见发起挑战？“在院子和方形庭院种上一些宜人的树木，并在入口修建一些拱门或是回廊，立刻就有了幽雅的氛围，十分有利于研究和思考。”

今天，读者们都认为吉森斯的手册是参加古典装饰艺术大赛的初学者必备的书籍，就像现今电力圈是绘制电脑三维绿化图像的必备工具一样。就“解构主义”而言，吉森斯手册里的图示大都是纯写实的，吉森斯只对少数图示加以评论，其他都没有评论。讨论过去的建筑师如何看待校园景观设计方案以及现在的建筑师如何看待校园景观方案是很有启发意义的。也许这些是对教育或是兴趣的思考，或是对如何协调学院建筑物和空间的布局的理解。回想起最近在一所知名大学举办的建筑设计比赛中脱颖而出的两项场地设计方案，它们都出自于知名建筑师之手。一项方案在新的建筑物周围设计了景观，但未付诸实施，而另一项设计方案则对此提出了合理的解决方法。（见导言）。

美化建筑和规划原始的空间的景观

当以固定的模式修建景观空间时，一成不变的城市美化准则将成为一种束缚，甚至会让设计者感到不是在设计校园而是在设计坟墓。当设计者在理论上认识到只有根据环境不断地调整设计形式，并使设计的每个部分都融于整个方案中，才能设计出有生命力的景观，城市美化准则才能在功能和形式上有益于设计者。而且，美是由从事改造环境工作的设计者共同创造的。他们是：建筑师、景观建筑师、艺术家、工程师和那些从事城建艺术和科学研究的工作者。

如果设计者了解到城市美化准则的局限性，那么在今天，城市美化运动会给校园景观设计者更多的启示。例如，清晰有序地安排原始空间和初级空间的布局，空间连续感和对空间布局的把握，还有在历史性空间中运用各种绿化要素构思一个简洁的设计理念都是十分重要的因素。我将在注重风格的前提下以四种不同的设计方案为例来分析和评论这些设计原则，这四种设计方案是：一座国会大厦、一座小镇中心和两所校园。

莫雷尔和尼科尔斯1920年在位于北达科他，俾斯麦的国会大厦旁的空间做设计时，试图“以与众不同的风格设计这块空间，并希望此项设计对后世类似的景观设计有所启发”。虽然这项设计方案最终未得到彻底的执行，但其中有许多理念与我们的主题有关。“与众不同”意味着与时与地都非常出众的四要素。上述带引号的句子和下面带引号的句子都节选自Wm.海·威廉森的文章《记录景观设计的历史》(《景观建筑》，1921年1月)。我们根据叙述的意图对他的句子重新安排，并在他的意图之外加了一些评论。

北达科他国会大厦绿化设计的主旋律是历史和生态环境的完美融合。设计国会大厦旁的空地是为了庆祝和“纪念北达科他的历史，保存有永久历史意义的纪念物和传统及向广大群众展示国家美化环境的资源”(最后一个特点在艾奥瓦的国会大厦的设计中格外明显)。

北达科他国会大厦的设计方案包括一个显示开拓者和印第安人共同分享劳动成果的模拟像。这一地区的第一批公民在国会大厦前被授予的是部落图腾的模型，是“几世纪前由印第安人用俾斯麦附近草原的巨石建成的巨型海龟模拟像”。植被将从上到下覆盖整个山坡。从山脊上的本地松柏和杜松开始，“然后慢慢地往下的是本地橡树和白蜡树，再下来直至空间的南端都是本地的杨树和垂柳，较之高地上的本地植被，在这儿的每棵树、每一片灌木丛、每一朵花、每一棵植物以及每一片绿地都是产自美国，来自北达科他。此项设计

国会大厦庭院和
复古式花园的总体规划
俾斯麦-北达科他
呈交国会会议景观建筑师
莫雷尔和尼科尔斯
明尼阿波利斯

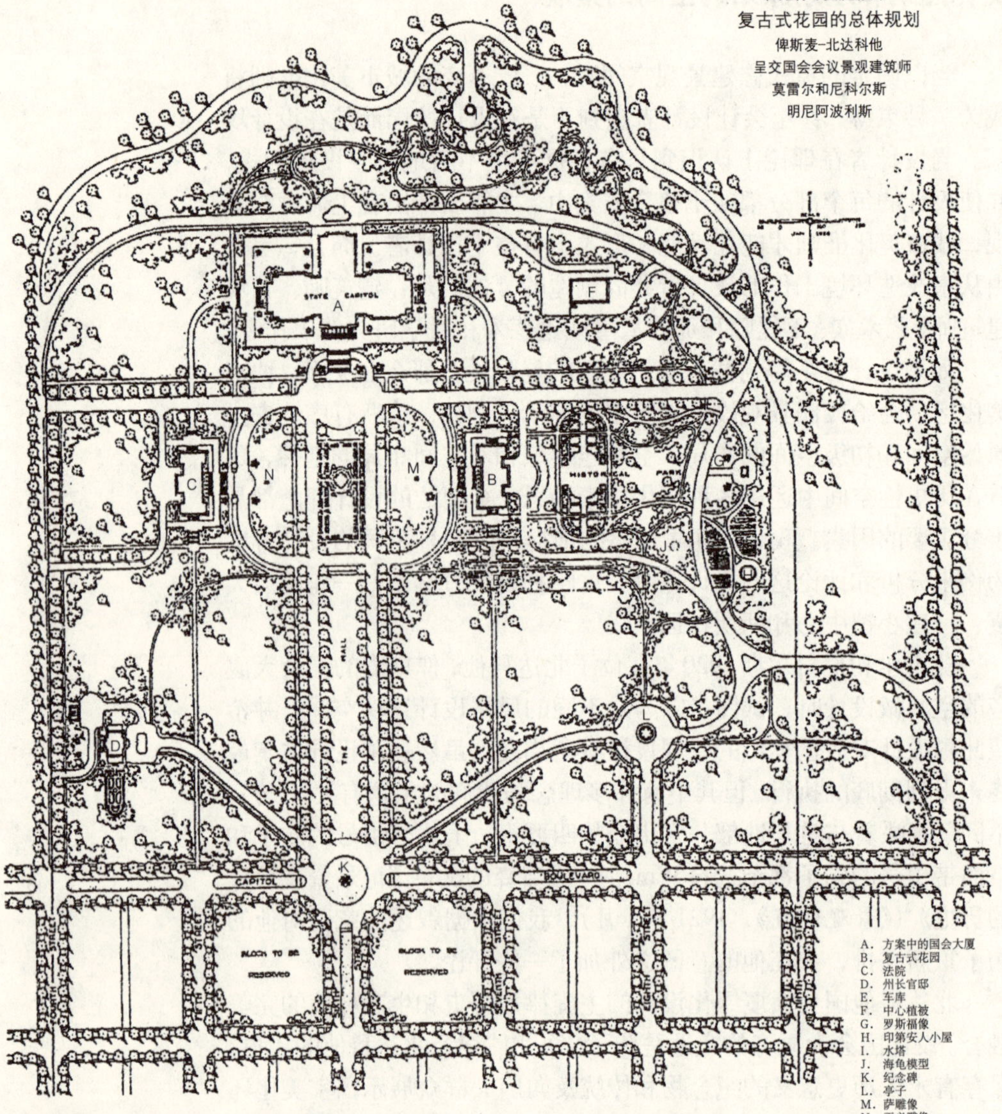

莫雷尔和尼科尔斯——北达科他国会大厦(North Dakota State Capital)

一个富有校园景观设计经验的团体为新的国会大厦设计的与众不同的方案。这个方案中的一些想法也适用于当前的校园设计方案：选择本地植物、选种四季盛开的花朵、注重地形变化、充分考虑场地的历史意义。 作者收藏

古典装饰艺术的典范（右页上图）——伊顿拉皮兹专科学院（Eaton Rapids Junior College）

F.A.库欣·史密斯为城市中心设计的理想的美化城市的方案，将专科学院融入其中。学院位于对称布局的一端，两边被花园所环绕。显然，汽车并没有成为这种实用布局的障碍。 作者收藏

具有绿化带的古典装饰艺术典型（右页下图）——圣约瑟夫神学院(St.Joseph’s Seminary)

这是库欣的另一个创意，是对校园的俯视图，十分吸引人，但设计中的校园从未建成。不是这样的话，这一创意绝对会成为美国的经典之作：以很有趣的顺序布置椭圆形的场地、购物街、方形庭院、排房、草坪和运动场。
作者收藏

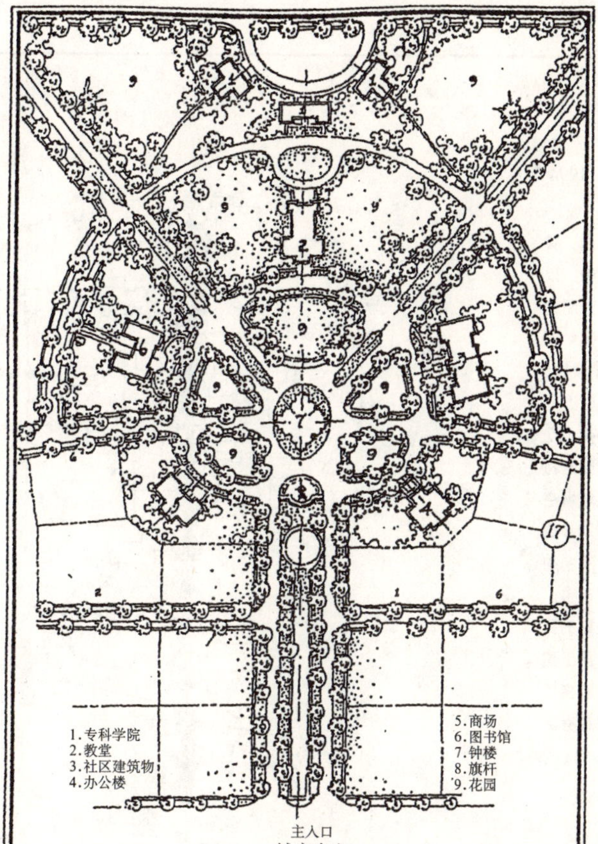

城市中心
W．F．W大众之家
伊顿拉皮兹，密歇根
城镇规划工程师F．A．库欣·史密斯，芝加哥。

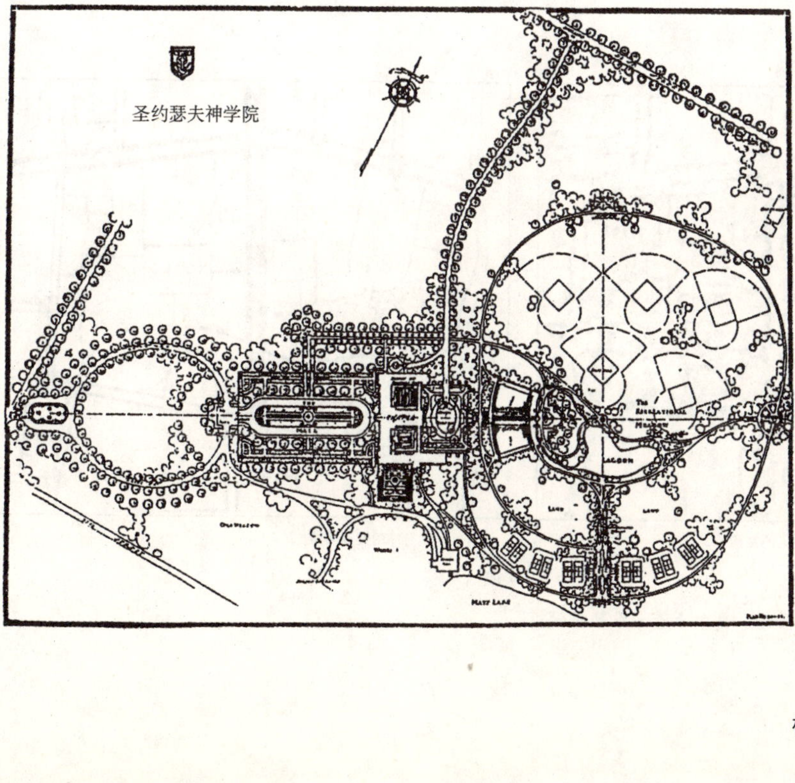

中长期的可能性发展报告

杜图瓦·奥尔索普·希勒，1994年

皇后大学建在市区范围内，其中建筑物和绿化带都比较集中。以前遗留下来的建筑物和绿化带制约着校园未来的发展，而且社区对扩建的抵触情绪也影响进一步的发展。

校园规划方案旨在制定合适的策略以巩固现有的校园，提高土地使用率，保存传统及增加校园的特色。中期发展的目的就是通过填空和加固工作使校园设施得到初步改善。校园的庭院可以通过建筑物的设计和独立的景观设计得到改善。

这项方案指出要达到长期的目标需要扩建的地区，而且勾画出建筑物的修建模式，这种模式能将校园和社区融合在一起，且保存有历史意义的建筑物。

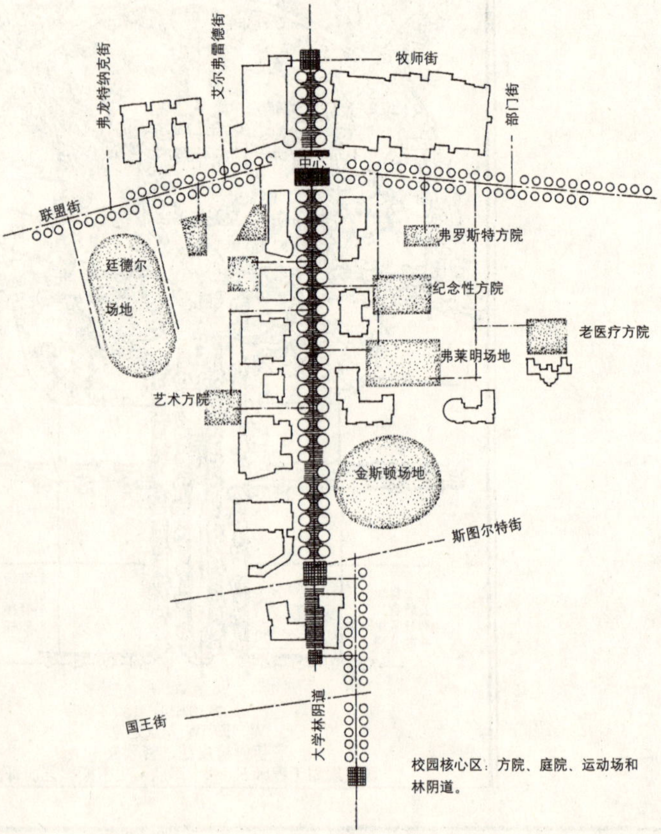

校园核心区：方院、庭院、运动场和林阴道。

校园景观：加强了结构感，提供悦人的氛围。

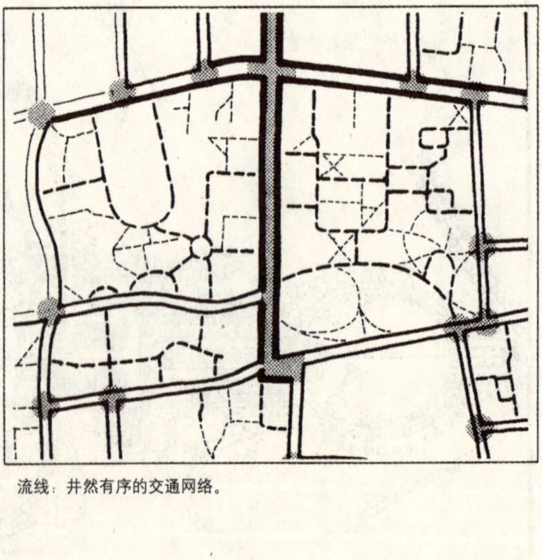
流线：井然有序的交通网络。

皇后大学，安大略　杜图瓦·奥尔索普·希勒提供

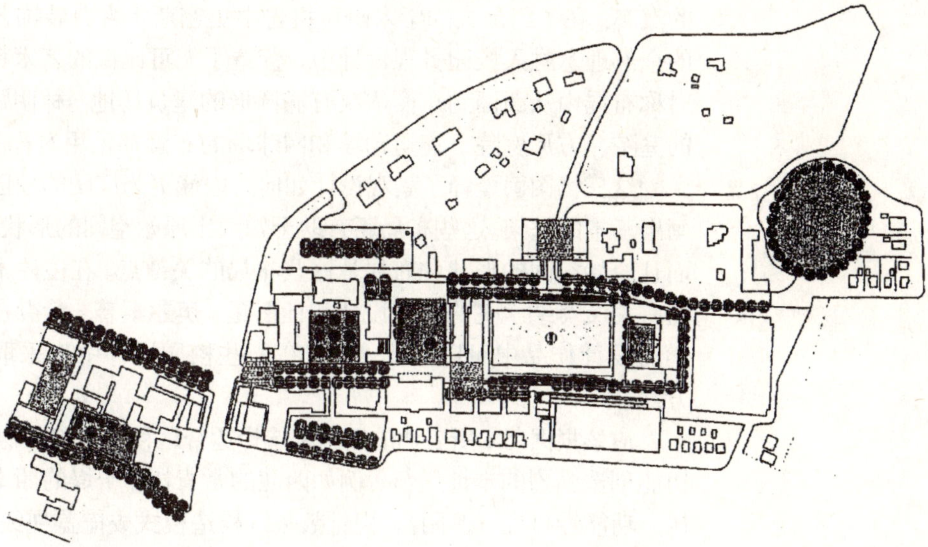

艾奥纳学院校园规划
佐佐木联合公司

绿化图示
庭园
庭院

空地的绿化设施——艾奥纳学院

在皇后大学，罗杰·杜图瓦挑选各种植物，加强了校园空地的绿化设施。这种布置手法在现代版的城市美化方法论中可以用于街道的布置。在佐佐木联合公司为艾奥纳学院制作的设计方案中，景观包括庭园、庭院、椭圆形场地和道路。 佐佐木联合公司提供

以灌木林为主，从两端到高山到河底的低地都覆盖着灌木。同样，匀称的花床主要也是由各种各样的本地花构成，包括春、夏和秋三季盛开的花朵。”

在今天，对某些人而言，整体的设计方案可能和具体的景观设计理念一样具有吸引力。“国会大厦正在设计准备中。应该根据庭院来布局建筑物，而不是根据建筑物来布局庭院。”图画传达了这一理念，用景观的构件勾勒装点庭院，包括它的边界和每一块空间。

在F.A.库欣·史密斯为密歇根伊顿拉皮兹制定的理想化的设计方案（文章中他把自己的工作归类为“城镇规划的工程师”）和圣约瑟夫神学院的方案（其中他署名自称为“景观建筑师”）中都以图表的方式解释了城市设计理念与校园设计发展的内在的联系。在前者的设计方案中五座社区建筑物和微型公园环绕着一座钟楼。一所一般性的大学位于这一对称布局的前部，整体布局假设校园没有太多

的汽车。在圣约瑟夫的学术研讨报告中史密斯将古典装饰艺术空间的全部理念融入校园景观设计中，营造了无可比拟的艺术精品。在对称布局中从西面到东面依次有椭圆形的建筑场地、林阴路、圆形的庭院、方形庭院，连运动场和网球场的布置都采用对称的风格。

这三幅图画诠释了景观设计如何为内涵更为广阔的校园设计勾画出基本的框架。这些布局还有助于勾画出原始空间的形状和排序，而且原始空间的形状和布局是这些布局的关键点。在佐佐木联合公司有关艾奥纳学院的校园设计和杜图瓦·奥尔索普·希勒在皇后大学的设计作品中可以看出，现今在一些校园设计中也采取相关的方法。

应该根据艺术所表达的概念来选择适合这种结构的植物的种类。树能创造强烈的本地风情，例如西北的常青树，干燥的西南的棕榈树。功能性目标（遮阴），视觉效果（构造模式或掩盖视线），整体效果（有些树成群成片时比较好看），生态环境状态（单一的物种的种植是不可取的）以及树木的维护和替换都会影响树木的选择。

注意事项

如果规则设计理念又成为时尚，在这里需要提及一些注意事项。在城市美化运动的倡导下修建的校园和校园里某些建筑物现在都被视为珍宝，如宾夕法尼亚大学的科普和斯图尔特西区的宿舍楼及芝加哥大学和斯坦福大学的主校区。但如果原本应该采取奥姆斯特德的设计手法，或是景观建筑师阿瑟·A.舒特莱夫于1921年为霍利奥克山学院设计时按地形采用的几何形设计方案，但却试图运用城市中心设计理念来设计伊利诺伊内皮尔校园，这种做法是很难让人信服的。

舒特莱夫认为“对女子学院而言这是一个绝佳的时机，因为它们不必为建筑物的扩建问题而困扰。而在1801～1890年期间，这一问题困扰着大部分的男子学院”。他在为霍利奥克山学院指定的设计方案中写道：“完全没必要去突出或显示与众不同的特色。”他可能不会去考虑“维多利亚时代有关景观的观点，这种观点认为美丽的景观强调的是凌乱的布局”。用重新设计的建筑物代替原有的方形庭院，这样就能改变不规则不对称的布局了。所有的投资旨在改变“令人困扰”的布局时，实用主义与唯美主义相结合，如改建道路和人行道。学院的道路应该尽可能的直，而且还要够宽，方便在紧急情况下消防车和应急服务车辆的通过，也方便在开学和放假时期行李和物品的搬运。

树能创造强烈的本地风情，例如西北的常青树，干燥的西南的棕榈树。

景观建筑师舒特莱夫

展示城市之美——霍利奥克山学院

景观建筑师舒特莱夫把古典装饰艺术中的方形庭院融入学院景观，使之具有历史意义、田园风格，又美丽如画。作者收藏

舒特莱夫设计的意图展现在他所画的俯视图上，令人神往。在重放异彩的校园里两座在平地上修建的耶鲁式的方形庭院，具有城市美化运动中所提倡的对称结构，似乎十分贴近霍利奥克山（Mt. Holyoke）的地形特点。舒特莱夫确实是值得人敬重的，因为他又给学院提出了宝贵的建议："用新的树林代替残旧的树林以达到遮阴和

美观的效果。在靠近学院东部的山谷上铺满令人喜爱的灌木丛和花朵。”他建议承建单位将电力房迁往别处，修建一所新的教堂和医院，加固和扩建运动场，将多余的体育馆改建成教学楼。他还预见了汽车时代的到来，呼吁“尽可能不要把交通工具放在庭院里”。(《美国景观建筑师》，1930年1月)。令人不解的是他有关韦尔斯利大学的绿化和校园发展的观点与霍利奥克山学院的观点截然不同。在他为韦尔斯利大学设计的方案中以风景优美为主题。

舒特莱夫的报告涉及并且宣传了大萧条早期的背景主题，极力渲染文化氛围，可以平息风格之战的主题，以及风格对发展历史性空间的各种影响。景观设计评论家阿瑟·H.卡哈特在他名为《校园建筑布局之便利与美观》[《美国的学院和大学》(American School and University)，1931年]一文中论述道，对庭园而言最适宜的方案“应该首先、直接考虑效率，妥当地安排各种元素，这样的设计基本上是实用的”。风格无论规则或不规则并不是主要的问题。“方便、实用、低维护率以及场地的完全适用性才是最终的目的。当这些目标都达到了，美就在这项设计中应运而生了”。

融合的价值观，融合的标志物以及融合的设计方案曾经对设计师、赞助商和委托人是危险的征兆。而有些设计却追求另一种理想的创意，他们重视文化传统，运用设计中各种因素从不同的角度来表现它：查理斯·普拉特为伊利诺伊大学南校区制作的设计方案就是其中一例。一个由校园绿化监察员弗鲁乔·维塔莱提出的引人注目的理念来自于20世纪20年代，这项设计意在表达这一时期的理论成果，而这一时期曾被绿化协会主席卡尔·B.洛曼称之为美国高等教育史上“建筑风格最糟糕的时期”。洛曼还将“不协调”和“改变民族特性，改变行政和教育政策以及金融繁荣和萧条交替更迭”联系在一起。他的话语似乎也是针对我们现在的时代。

建筑师在1930年对这项设计方案的评论中写道：“普拉特的理念将以其高尚的品格和真知灼见成为一座丰碑，历久不衰。”“中心空间的绿化设计将有助于多种形式的建筑物与新的建筑物以及校园景观在一定程度上达到协调，这样在平原上建立的校园将和英格兰平原上建立的有庭院的剑桥大学一样有魅力”。

有意思或是讽刺性的事情发生了，洛曼在评论同一方案时发现了不同的文化亮点。“这是美国早期的建筑师创造的一种风格，它与我们美国传统息息相关……一种内在的、积极的精神。它并不恪守规则的或是经典的布局，但他们所设计的建筑物既端庄又大方，既有生命力又舒适美观”。同一个地方，同一种设计，而由于意图和观念不同，出现了两种不同的表现手法。

时机、品位、延续性

时间的流逝对于宏伟的建筑理念的影响，可以是宽厚仁慈的，也可以令它疮痍满目。欧文的加利福尼亚大学1962年的校园规划在理念上有创新。该规划采用几何图案将六组建筑物分布在南加利福尼亚连绵起伏的农场上。这几组建筑物就像车轮上的辐条一样都面向车轴而且以车轴为中心分布，这很像植物园的布局。这种规则与不规则相结合，并将停车场设在外围的布局，充分考虑到行人的方便。在新泽西的中心花园和拉德本，人行天桥和地下通道将行人从汽车统治的交通中脱离出来。中心空间种的是适应性很强的树木，这些树木都是从世界各地收集来的，以庆祝大学进一步与世界接轨。这一景观中还包括一个湖泊、不拘一格的树丛及圆形露天剧场。也许，人们还可以从花园眺望到远处的风景。

一张20世纪60年代的场地采访图片激发了采用开放式布局的灵感。校园设计结构是清清楚楚的。30年后旧地重游，与以前不同的是几乎在各个方向都覆盖着茂盛的绿叶林。这样的设计理念是模糊的。如果当初设计的初衷是使场地别具一格，那么欧文显然是失败了。如果是偏好与众不同和连绵不绝的景观布局，那么这种效果还是达到了。而且，显然对第一种方案的形式和风格的否定在一定程度上鼓励了设计上的创新。自从以加利福尼亚风格完成了专项的绿化建设后，欧文成为了设计师聚集地，大家都来参观和欣赏代表后现代主义学院派的设计。

与之不同的是为哈佛大学经济研究生院建筑物和庭园做设计的理念。这种理念被认为是独树一帜的：经历时间的洗礼和流行风格的更替，它不仅保存下来了而且得到了蓬勃的发展。虽然在设计上具有某种独特性，但它却始终忠实于奥姆斯特德兄弟的景观设计理念。最初的乔治皇朝时代的学院派是由麦金、米德及怀特创立的，他们因为以法国本土的新古典主义的手法改造荒凉的沼泽地而从一次设计大赛中脱颖而出。顺便提一下，当时是为了吸引赞助商来赞助改建计划而发起了设计比赛，而比赛的宣传画则是一张较粗糙的图画，这幅图上显示出要改建的经济研究生院的教学大楼和办公大楼像学院派庭院（哈佛的庭院也被归为此类）一样分布，而四栋宿舍楼环绕着一座大型的方形庭院。这幅图中未提及景观设计的要求，也没有任何有关设计目标的提示。

但是，竞赛的规则却涵盖了各个方面。4万美元的奖金和哈佛的声誉吸引了来自世界各地的设计师，麦金、米德及怀特的方案在1925年1月通过了审核，在1925年6月开土动工。1926年10月承

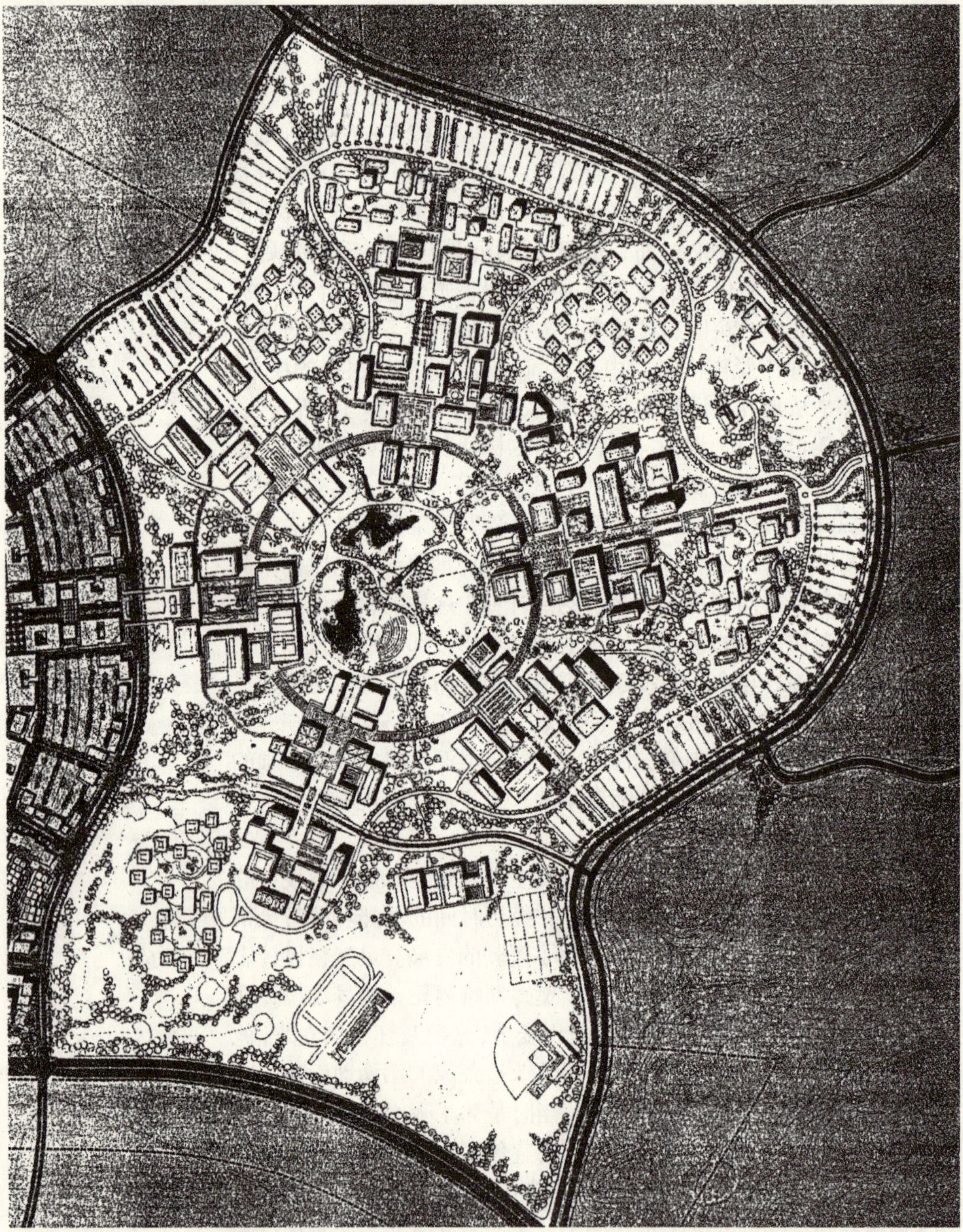

最初的设计方案，1963年——加利福尼亚大学欧文分校

方形庭院和花园以几何图形排列，中心地带建成了一座大型的植物园。 作者收藏

1967 年的加利福尼亚大学欧文分校 /1999 年的加利福尼亚大学欧文分校

中心空地被繁密的绿化植被所覆盖，而新的建筑物及景观弱化了创建人采用几何图形的设计理念。 R.P.多贝尔摄影建单位完成了第一栋宿舍楼，最初的教学楼和图书馆于1927年2月完工。这个承包商无论在设计还是在修建上都做得又快又好，是一个很好的榜样。除了一些先前希望修建的教堂或是模具厂之外，他们尽力忠实于原始的设计方案，一位高级管理人员认为这两座建筑物没有存在的必要性，修建它们是不明智的，但是他愿意为了将来的发展空出一些场地。事实证明，20世纪70年代后新建的教堂，其户外和室内的绿化布置非常有创意，为学校庭园增色不少。

原有的绿化带稍后才得以改造，首先因为资金不足，而且要么是来不及开拓一些土地，要么是有些地不够干燥，不宜种植。过了三年，所有的条件都具备了，而后的一代一代的设计师都是奥姆斯特德准则的追随者：开放式的方形庭院，种有各种各样本地树木的庭院，人性化的模式——历史性空间特有的宜人景观。最近的设计（1996年）是修建一些新的楼房，使人们从两排食堂中间望过去，尽头就是一片绿地，构成了一幅如画般的美丽的景色——也是北美校园里最吸引人的景观之一。计划修建的广场紧挨着一座新建的方形庭院，形成了一种错落有致的动态的空间感。巴克图书馆沿河向南扩展。虽然事实上要经过多个阶段才能达到这种总体效果，但无论从原则上还是从实施上来看，1996年的发展计划体现的是一个整合的景观理念。

欧文大刀阔斧地调整了最初建校时的景观设计理念（有些人可能并不赞同），因为它不能反映多视角全面的建筑理念（可能只是对欧文而言）。哈佛大学经济研究生院能够将新的建筑物与一系列的历史性空间融为一体，而研究生院中历史性空间一直也在不断地改造以适应建筑网络的不断变化。而且，如果有足够的资金，而且理由充足，按照设计方案将迁移或改造一些与整体风格不符的建筑物。在经济研究生院1996年的校园发展计划和校园规划中阐述了有关校园绿化最佳效果的观点："大家都知道校园景观对于现有的校园特色是至关重要的，所以景观设计中必须包括重点绿地的扩建和维护，以及吸引人的植被。"

时间对原始空间的影响还应该包括植物的生长和寿命。基于资金上的考虑，一些有想像力的设计方案，而因为挑选来的树木太纤细，很难达到预期的效果多半告吹，因为这些缺陷，设计就成了无源之水。没有了水的滋润，它们也很快凋零了。其他的一些方案似乎很成熟了，但是由于糟糕的维护能力和对绿地更换的忽视，不久也消失在历史的舞台上了。约翰·C.劳登在纪念洪弗莱·雷普顿（1830年）的文章里就创造者和创建品的成熟所面临的进退两难的

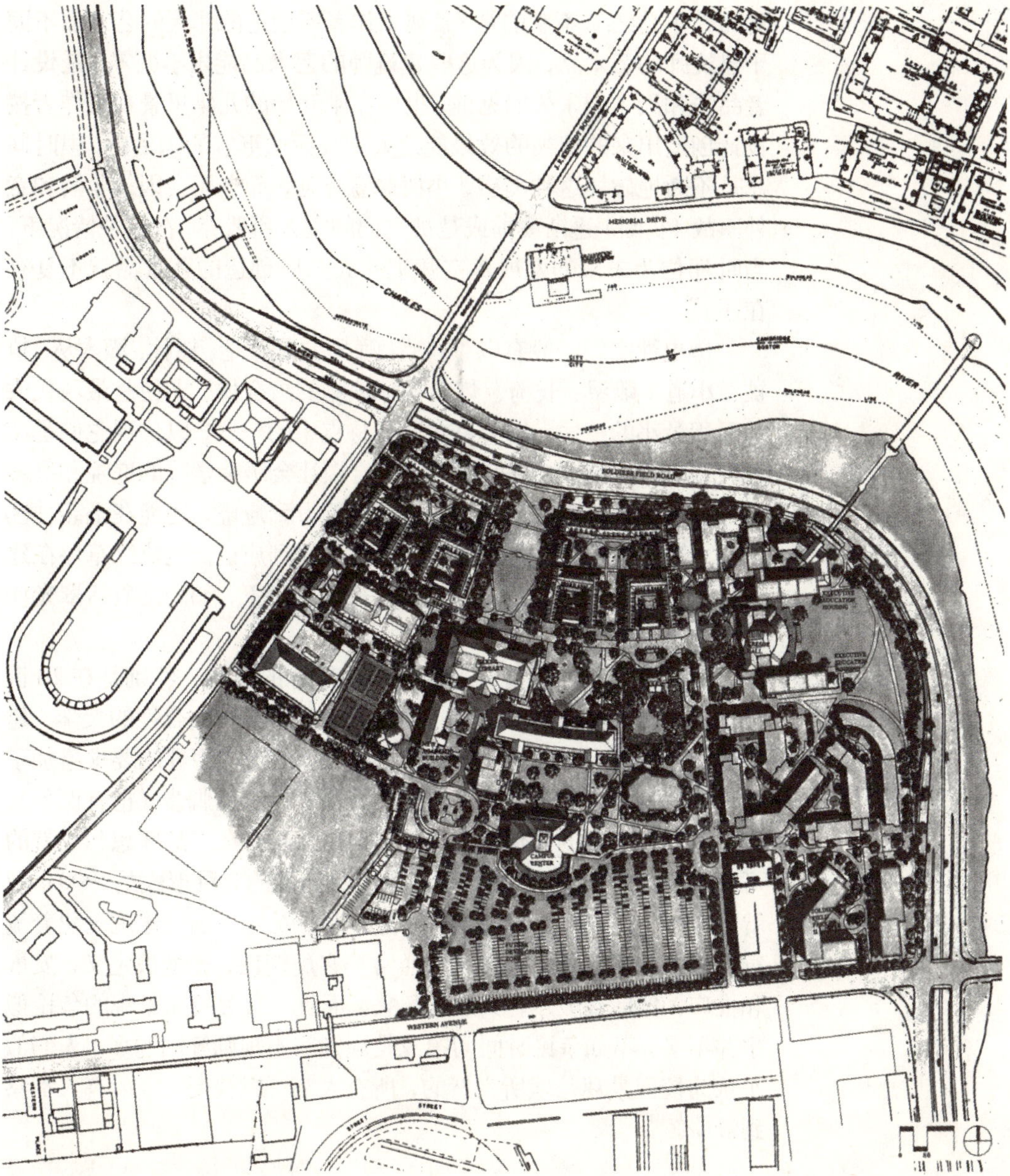

哈佛经管研究生院

1996 年校园规划

多贝尔-利茨盖-克雷格联合股份有限公司

1996 年校园规划——哈佛经济管理研究生院

校园中最美的新英格兰景观中新建了一座方形庭院。这里景连景，浑然天成，片片绿地，交相辉映，查尔斯河的风光旖旎，品质优良的植物种类繁多，加上良好的维护保养，使这里的景色别具一格，美不胜收。 多贝尔-利茨盖-克雷格联合股份有限公司提供局面做了总结："不幸的是，景观工作者所创造的伟大的艺术品不同于建筑师的艺术品，因为这些建筑师的艺术品能永不凋零，是设计者品味和天才的永久的见证。也许在刚开始的几年里景观工作者按设计创造出来的植被的效果能给人带来无法形容的满足感，但时间总是不断地破坏这种美感。小树肆意蔓延，而老树会因为年龄和意外事故（折断）逐渐萎缩或是被它们的主人所遗弃。在这种情况下，当时那位为未来的发展奠定基础的大师所创造的艺术品就不复存在了。"

历史性空间一般有以下特点：通常它是草地、树林、灌木丛、植被、小道、雕塑、长椅、灯光和标识物的组合体。即使是最现代或是面积最小的校园，也会包含这些特点中的一些，以体现它们是高等教育中的一员。这一点可以在曼哈顿社会研究学院的庭院和维多利亚艺术学院（澳大利亚）的草坪上能得到应证，还能在圣菲社区学院（新墨西哥）引人注目的绿草坪上得到应证。这块绿草坪在建筑物周围的沙漠的颜色、土壤和植被的对比下，如同泛着翡翠光泽的迷人小岛。

品味和偏好的反复变化也受历史事件的影响，特别是在20世纪，学院的数量成倍增长，一些领先的学院成了综合性的大学，建筑理论和实践大大改变了公认的审美观念，而实用性的要求增加了建筑物的模式。校园景观设计跟随着历史运行的脚步（也有例外），似乎也不需要新的文化的定位了。假设专业的杂志是理想和成就的可靠的见证的话，那么我们现在原始的空间的各种形式是1900年前就存在了，而建筑业的情况却不是这样。另一方面，建筑支配着流行风格的跌宕起伏，流行风格通常具有周期性，先是被定义，发展和推广，然后被驳斥，其后又复兴。而且，有关校园景观的争论似乎并不多，不如争论时间问题或是规则与不规则等问题多。人们似乎认为校园景观是理所当然的，所有人都可以接受，令所有人都感到舒服。

不同的绿地

这两种三维艺术形式，建筑物和景观艺术之间是否存在本质上的区别？前者如同艺术，似乎需要灵感和创意才有生命力；而后者靠自身持久性和对古老的理念的循环实践。建筑物是随着技术进步而发展变化的：如相对便宜的钢铁和玻璃、电梯、电话、空调、电脑。而景观设计却有较多的影响因素。按理说，现代的各种先进的东西给古老的模式了注入了新的活力，当这些模式达到令人赞许的

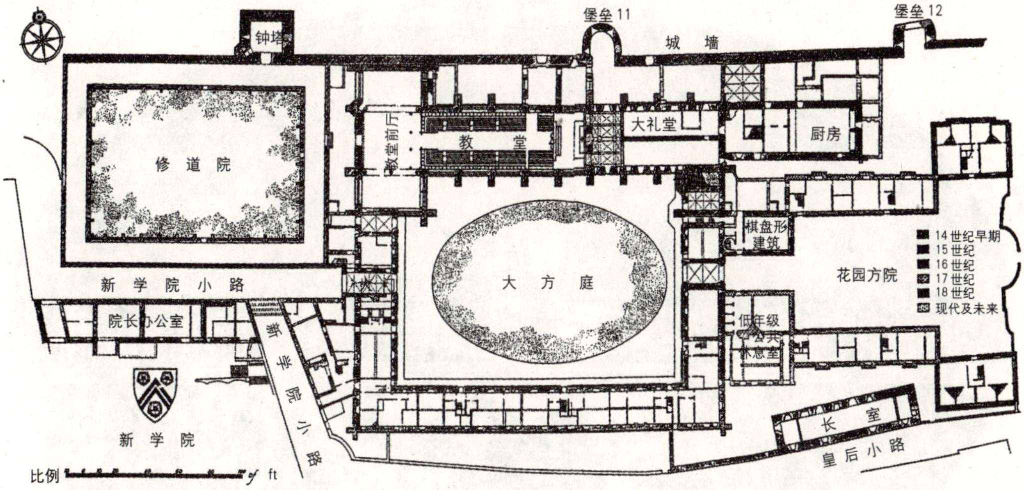

连接的空间——新学院，牛津

修道院、大方庭和花园方院——经历了五个世纪的校园景观，其校园景观是无可比拟的美景范例。 作者收藏

水平时，应该成为原始空间的最佳典范。最幸运的应属类似明尼苏达的圣保罗大学的校园，在那里人们可以欣赏到历史性空间的与众不同的风格。卡斯·吉尔伯特的规则的方形庭院（校园设计的里程碑），北边奥姆斯特德式的不规则的绿化模式，比较集中、具体、完美地体现了品味的变化和视觉效果的演变历史。

新学院（New College，牛津）在将各种不同的空间结合起来这一方面是资格最老最佳的典范之一。这所学院建立于14世纪后期，被认为是西方第一所综合性大学。其中心地带是一座大型的方形庭院，中间有一片有着悠久历史的椭圆形的草坪，西边有一座建于14世纪的方形的回廊，周围种满了高大的圣栎，圣栎的树叶遮住了大部分的回廊。方形花园被改建过多次，它的历史可与英国景观发展史相媲美。最初它被建成一座传统的露天的方形庭院，而后在16世纪运用当时流行的规则设计理念添加了一座人工的锯齿形的小假山和一排排成菱形排列的树林。在18世纪和19世纪，小假山被铲平了，原来的地方覆盖着植被。一些直直的人行道部分被罗曼蒂克情调的弯弯曲曲的小路所取代。曾作为碉堡的围墙被刷成了绿色，成为按季节绽放花朵的布景。

在古老的美国校园中，联合学院［斯科内可塔迪（Schenectady）］是将历史性空间与品味变化和经久不变的理念比照运用的楷模。规则的绿草地和占校园规划地10acre(4万m^2)的茂密的花园和植物园相

波特的设计方案——联合学院

传统理念的魅力获得后世的尊敬：E.T.波特忠实地按约瑟夫-雅克·拉梅的设计方案完成景观建设。维多利亚风格的两栋市区大厦和教堂相连，树木环绕着中心的建筑物。重点的建筑布局似乎会将草坪与树木分开，而这些建筑大都未建成。草坪保存至今，而树木所在地现在是低密度的居住区。　作者收藏

毗邻。前者是约瑟夫-雅克·拉梅规则设计中露天空地的样板，而后者是杰克逊式的花园，成为校园规划史上的一个里程碑。标准的拉梅方案是由一位有远见的学院院长（伊利法莱·诺特）和法裔建筑师携手完成的，两人于1813年修订了他们的方案，主张将沼泽地和沙地，山谷和绿地改造成一片平地，形成U形的校园景观。历史性空间给人的印象是简洁朴素，在空间三面都是建筑物，其间有一个视觉艺术中心点缀着一座圆顶的纪念性的建筑物——詹姆斯·吉布的拉德克利夫图书馆，在北面，与这一地区齐名的艾萨克·W.杰克逊于1831～1877年在起伏的地势上创造的10acre(4万m^2)的植被。现今场地的特征包括一条奔流不息的小河、规则的花园、草地以及小山环绕的平地。在1999年重建了植物园和小树林，两处景色相得益彰，以一种恰当的形式表达了对美国高等教育源远流长的景观设计的敬意。

最近，依照总体效果，学院增加了一片历史性空间。对位于校园中心的建筑物进行了重新设计和扩建以便有利于杰克逊式花园的

景观的发展。它添了三种绿化设施：一片草坪和台阶，一座植物园和野花园。校园中心的活动可以扩展到迷人的绿色环境中来。这里保持了历史性空间的功能性的特征，它们有着多种用途而不仅仅是建筑物的陪衬。因此在联合学院中历史性空间的总体效果可以为教学计划提供帮助（户外课堂、艺术品展示、测试学生翻土和种植技巧的场所，也为校园生活增加了活力，还充当校园中心、非正式的社交聚会、野餐、仪式、普通的休闲场所）。

学院的实际情况：通常校园越大越古老，它拥有的原始空间的种类就越多。这往往是因为品味的变化以及刚起步的设计不利于发展，如明尼苏达大学。这种实际情况可能有负面影响，也可能有积极的作用，这取决于最新的绿化布景的位置和质量，随后修建的空间是否与最初的一样美观，它们以何种方式融合一体，创造一种设

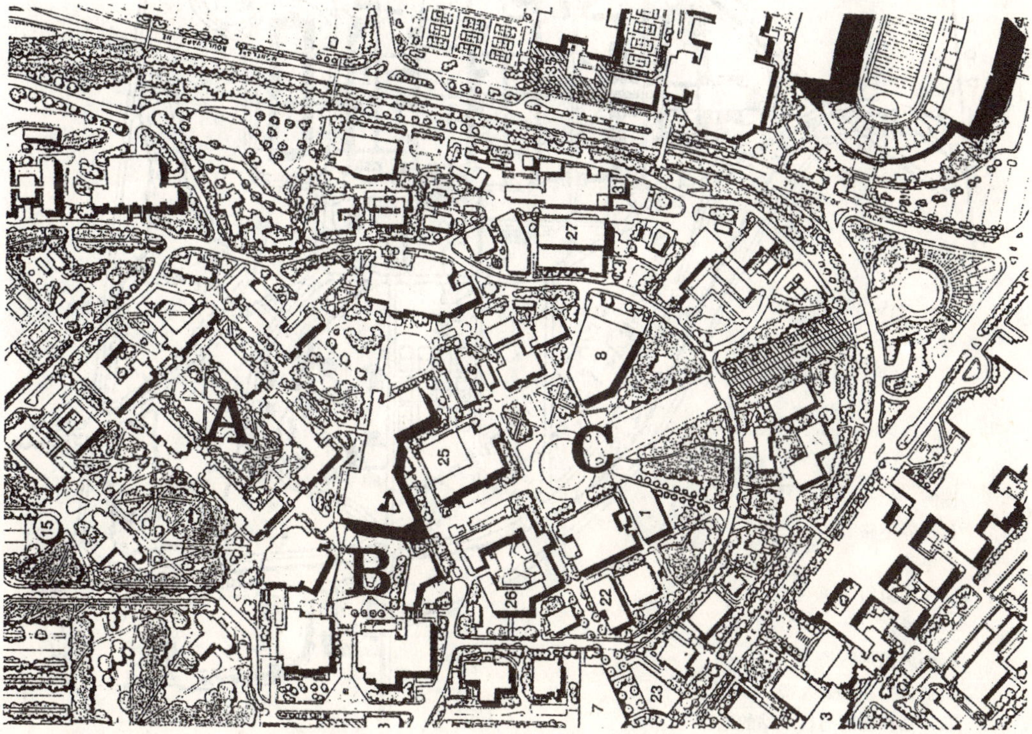

不同的空间的融合——华盛顿大学

为什么不把各种不同的空间融合起来？校园是教学性的机构，不同风格的空间如同讲授品味、时尚和地区历史的教科书。在华盛顿大学人们可以看到而且欣赏到各种绿化理念的融合。(A) 传统的方形庭院；(B)构造奇特的购物广场；(C)城市美化运动时期修建的商业街。　帕姆·斯图尔德提供

弗吉尼亚大学

弗吉尼亚 夏洛茨维尔

开发设计方案

比例 ——500ft(152m)

沃伦 · H . 曼宁 景观建筑师

马萨诸塞州 波士顿 1913 年 3 月 11 日

第 760～785 号

现有建筑物▬ 计划修建的建筑物▨

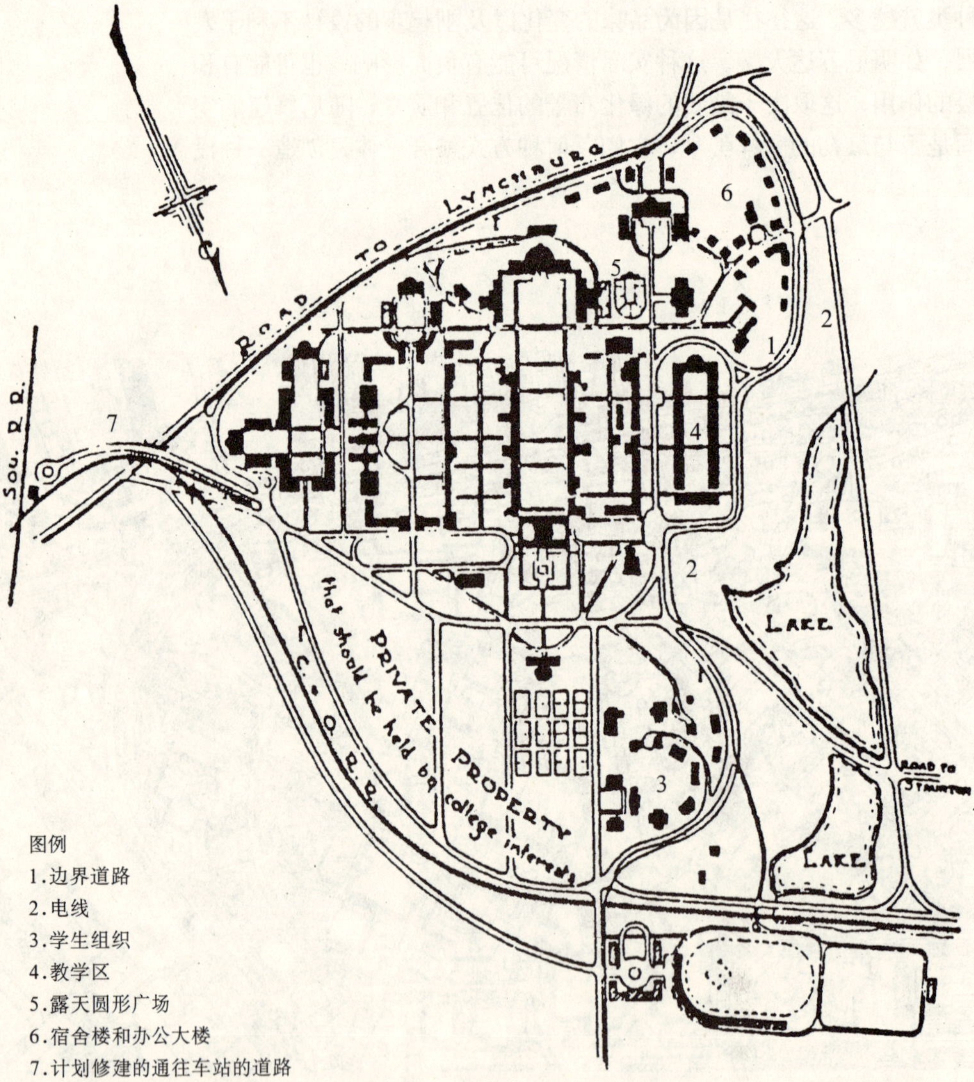

图例

1.边界道路

2.电线

3.学生组织

4.教学区

5.露天圆形广场

6.宿舍楼和办公大楼

7.计划修建的通往车站的道路

古典装饰风格的夏洛茨维尔——沃伦 · H.曼宁的设计

作者收藏

流行的设计方案——哈佛大学，1960 年

1913 年沃伦 · 曼宁提议以平地对称的古典装饰风格来改建弗吉尼亚大学（左页图）托马斯 · 杰弗逊设计的起伏的山地，这是一种只顾时尚而不考虑场地形势和历史因素的理念的例子。而佐佐木为哈佛大学昆西屋设计的道路和绿化带却值得赞许。显然他的设计是十分符合现代审美观念的，是对学院派乔治风格（空间）以及新英格兰式空间（根据天气变化选择植被）的精到的展示。 *哥特绍 - 史来瑟有限公司（Gotthscho-Schleinser，Inc）摄影；作者收藏*

计上的连续感。

按块或是按排序将不同的历史性空间融合在一起，华盛顿大学中心校园的做法是值得称道的。该学院拥有互相隔着数百码（1码≈0.9m ——编者注）的三类不同的原始空间：住宅区的方形庭院、正式的商业街和购物广场，这样的布局令人联想到驼森，每片空地都有其相应的绿化景观。在宾夕法尼亚大学的校园主干道上就能看到一长条生机勃勃的历史性空间（见第 126 页）。

校园交通（小道和马路）的设计对如何构造、定位和理解历史性空间的影响在前面已经讨论过了。经过细致的布置后，相互融合的历史性空间将把校园整体绿化水平从高层次提升到一个无以比拟

遵循本地文化传统特色融合不同的原始空间，这一想法不仅可以应用于规划中，也可以应用于具体的场地设计上。

的境界。有趣的是，并不是所有令人称赞的景观都在这方面很成功。克莱尔蒙特学院拥有许多不同的景观形式，但并未用一种设计理念将原始绿地结合起来。在弗吉尼亚大学杰弗逊设计的历史性空间是许多校园景观方案的模板，这种方案似乎并不赞同与临近的空地在视觉上和结构上的融合。1913年沃伦.H · 曼宁的设计方案有一定的披露性。在他文章里，他提议将杰弗逊式草坪向东向西扩展，采取露天场地和封闭场地相结合的布局，并与小道相连。如果地形是平坦的话，那么他的设计方案看起来很合理，但地形恰恰不是平坦的。他的设计图暴露了杰弗逊式方案的缺陷，在此种方案中，设计师在场地上设计了内置的宝石状玻璃点饰，而场地的地形却限制了对其进行确切和立即能见成效的扩展，也限制了它与其他场地的连接。斯坦福大学则比较幸运，该校最初的设计方案不仅包含了原始空间而且还采取了高度对称的布局，也没有地形的限制，因而在理念上可以延伸。最近一套景观设计方案的准则就是在一定程度上把最初的设计和后来的建筑物融合在一起。措施包括迁移重点的构造物[菲茨克斯水库（the Physics Tank)] 开拓北面的视野，用新建的大门连接早期的历史性空间，向西增加一条轴线通向有现代气息的原

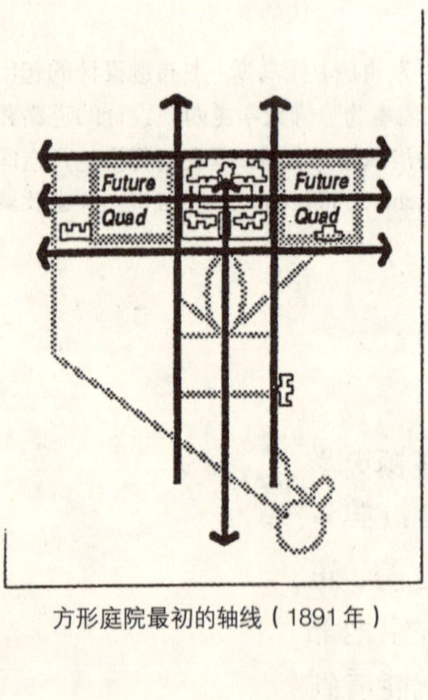

方形庭院最初的轴线（1891年）

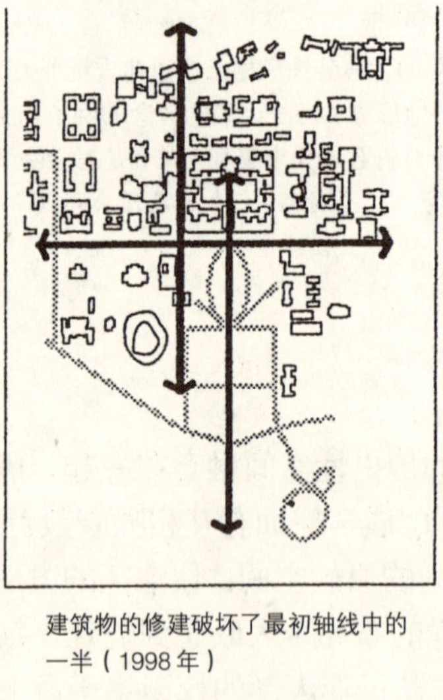

建筑物的修建破坏了最初轴线中的一半（1998年）

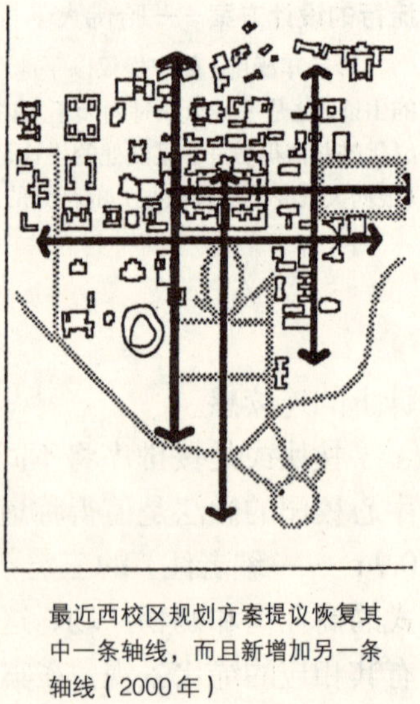

最近西校区规划方案提议恢复其中一条轴线，而且新增加另一条轴线（2000年）

调整场地环境——斯坦福大学

学校借着场地重建的机会恢复一些最初的空间感（1819年）。经验：校园绿化方案应该反映场地实际环境，投资改造造成视觉障碍的建筑物和增加新的绿化内容，都能产生好的效果。 菲尔 · 威廉姆斯提供

始空间。

遵循本地文化传统特色融合不同的原始空间，这一想法不仅可以应用于规划中，也可以应用于具体的场地设计上。为了尽可能地扩大校园设计，怀俄明大学(University of Wyoming)希望通过突出两种历史性空间的区别和运用这两种空间对景观不同的诠释制定校园设计方案。乍一看，怀俄明的西校区似乎拥有最吸引人的空间和建筑物，而东校区仅仅是“一块不毛之地”。仔细考究后发现这种印象的确可靠。本地的校园规划者提到在宽宽的外围地上种上一排排的棉白杨，然后用这块外围地来区分校区。这传递了一个信息：“这块区域具有回廊结构，进去和出来的路线完全不同，这一视角与校园是教育性的区域这一观点十分一致。”东校区是十分凌乱而无确定意义的地方。西校区主要是人行道，而东校区是汽车通行区。未来两块区域的设计将反映地区的双重性。在作为教学区的西校区，景观不仅给学生提供了良好的学习环境，而且可以成为屏障防止外人干扰学生。作为“促进交流”的区域，东校区的景观周围修建一些有利于“娱乐和公共事务”的设施。一个被称为“两块互不相联但却平等的景观的对话”的校园网站正致力于宣传和促进这一发展，帮助获得保护历史资源的基金（通常难度较大），以支持场地的发展，而新的景观将是最大的受益方。

2.12 二级空间

校园景观不是科学而是艺术，不同的校园各有其特色——尽管在定义上有些模糊，区分原始空间和二级空间还是很有益的。两者的区别不是源自于规模、具体设计方案或是艺术特色的差异，而是来自一种认知：历史性空间较之二级空间对校园设计在视觉上和象征意义上更有影响力。二级空间应该包括小型的方形庭院、庭院、排房及环绕建筑物和向外延伸的绿化带。无可否认，在花园的定义上有重叠的地方，这一问题以后我们会进一步阐述。或许园艺表现形式的差异可以用来说明这种重叠性。二级空间具有一定的景观特征。在功能和视觉上不同类型的花园是校园景观的主要形式。

在西方建筑史上，城堡、宫殿和修道院的庭园和庭院不仅为建筑物里的内部结构提供光亮，而且保护隐私和避免不必要的干扰。很多记录校园建筑物和景观发展史的文章都对牛津和剑桥的校园规划给予了高度的评价，也曾经对贝恩·玛瓦学院（Bryn Mawr College）建于1907年的图书馆给予了高度的评价。一些古老的欧洲大陆的模板的知名度较小，如阿尔罕布拉宫［Alhambra，位于西班

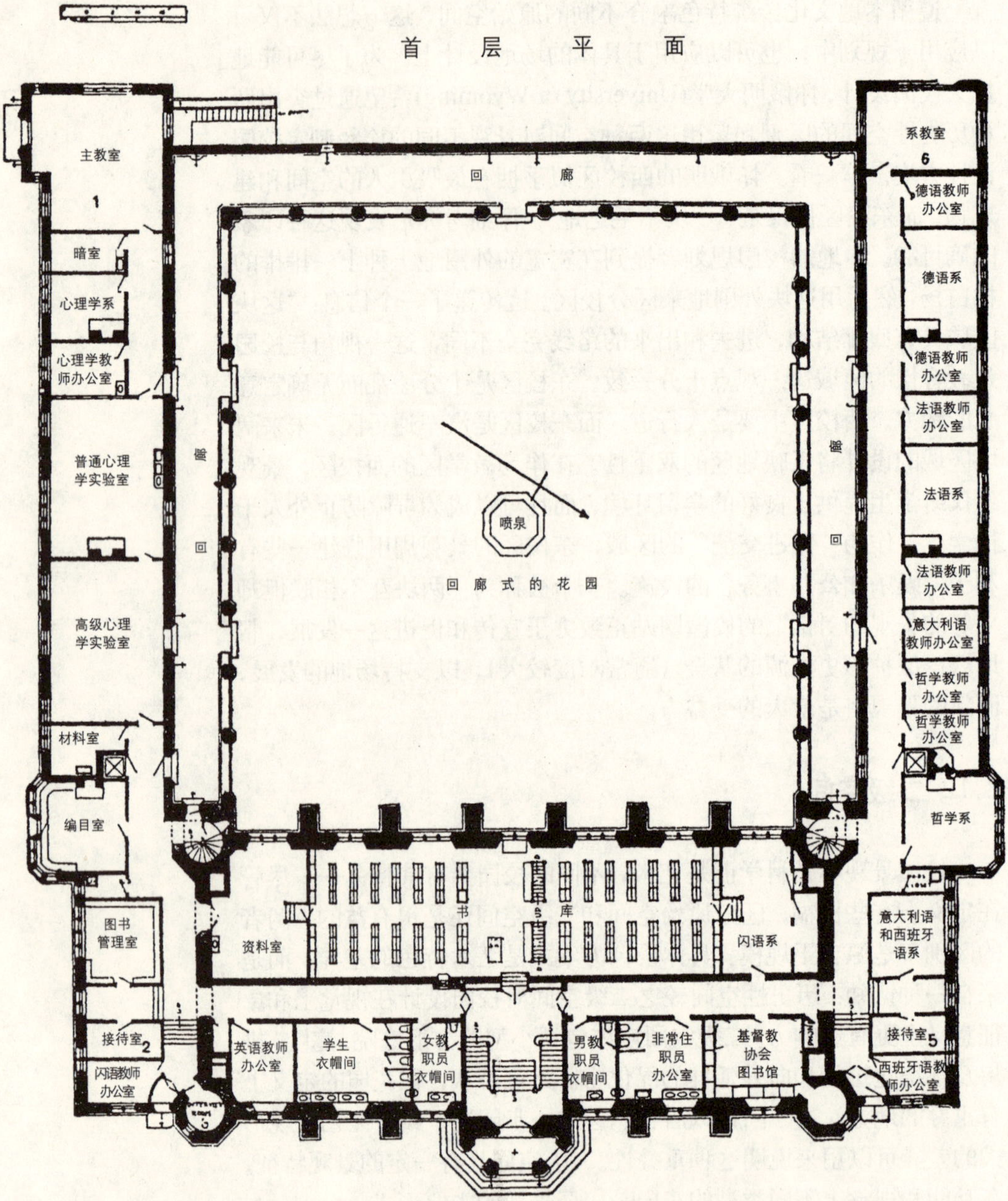

回廊式的花园，1907 年——贝恩 · 玛瓦学院

这种修道院式的大学景观风格从牛津剑桥传到了宾夕法尼亚州。这块回廊式的区域拥有占地 $12000ft^2$（$1115m^2$）的花园，在绿地中心是一个由 1901 级学生捐赠的喷水池。它在揭幕那一天受到了广泛的好评，到今天也成为了一座有历史纪念意义的经典建筑物，但它却从未成为那些崇尚开放式校园设计的当代设计师的模板。 作者收藏

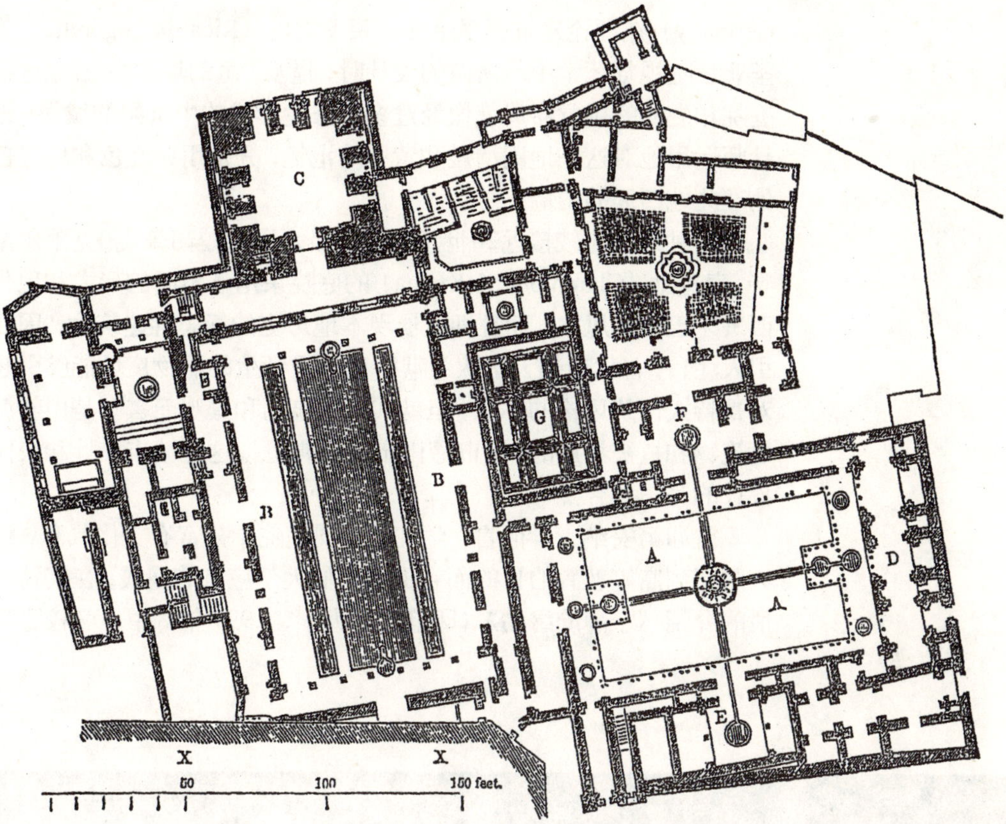

开创先例——阿尔罕布拉宫

在许多19世纪后期修建的建筑物和景观设施中可以看出来自牛津和剑桥的历史形式的影响，考察流行的趋势后，可以推断，像阿尔罕布拉宫这样奇妙的花园与庭院的布局一定可以赋予当代设计者富有成效的灵感。 作者收藏

牙的格拉纳达（Granada)]，它在适合地形、气候及当地的生态环境方面做得很有技巧。顺便提一下，形式不一的空间及其多样的景观构成了阿尔罕布拉宫的布局，而那些寻求有限空间和不同的表现形式，以丰富其设计的当代设计理念对这种布局是非常感兴趣的。

作为一处二级空间，耶鲁大学的休伊特方形庭院很引人注目。在这座庭院中有低洼的庭园，而庭园中有一座伊萨姆·诺古基(Isamu Noguchi）的雕塑艺术品，庭园为建筑物内部建筑提供了光亮。庭院的地板是由各种形状的大理石组成的，圆形的、菱形的、方形的，艺术家意欲用此来表达对逝去时光的怀念。在斯坦福大学，最近修建的低洼的庭院（1996年）以其丰富出色的校园景观给人们留下深刻的印象。庭院虽然在绿化特征上十分抽象，但表达方式却并不神秘。1999年3月21日，纽约时报评论员莉萨·赫尔马（Lisa

Germany）在评论建筑师里卡多·莱戈雷塔（Ricardo Legoretta）为圣菲学院视觉艺术中心所做的设计时，提及“魔幻现实主义”。这种庭院和它们的视觉布局就像经过多年修建形成的中世纪的城堡。设计师运用他对这一地区清晨和黄昏的记忆，分别用锈红色和粉红色处理此地四周的围墙。

这种效果比较接近20世纪后期顶级水平的校园景观。克莱尔蒙特-麦克纳（Claremont McKenna）的庭院采用了不同的形式和现代西班牙巴洛克风格，而且拥有展现本地历史的标志性建筑物，因而引人注目。普林斯顿大学认为献给1941级学生的购物广场能够引起对哥特式传统风格的怀想，但就其具体布局和景观而言则是由新派建筑物和植被构成的“城市绿化布置的典型”。这是城市设计和校园设计的另一结合点吗？

就印第安纳大学而言，学院派景观庭院十分富有文化气息，让人联想到高等教育的目的而且提醒人们大学应有的模式。在其诗一般的介绍《宁静的绿岛》（印第安纳大学，1991年）中，学校宣称

赫怀特方形庭院——耶鲁大学

伊萨姆·诺古基的石头雕塑表达了对逝去时光和机会的缅怀。　R. P. 多贝尔摄影

神奇的现实主义还是极少主义？——圣菲学院

这是一件稀有的艺术珍品，可以品味它蕴含的丰富意境，或是欣赏它运用本地设计概念的表达手法，或是去感触它令人叹为观止的空间布局。它出人意料却令人赞叹地将形式与色彩完美地结合起来，达到了一种前所未有的效果。 R. P.多贝尔摄影

本地风格的庭院——克莱尔蒙特-麦克纳学院

用标识物表达本地化的主题。 佐佐木联合公司摄影

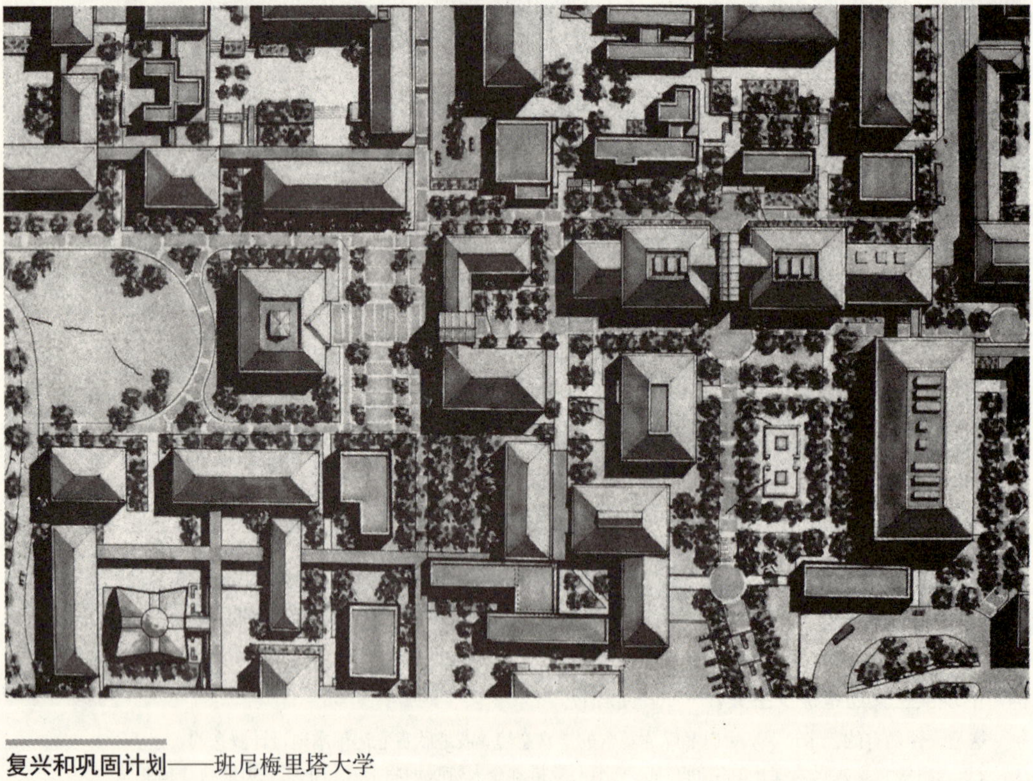

复兴和巩固计划——班尼梅里塔大学

重建、扩建庭园和方形庭院，让其成为校园复兴计划中的一部分。 多贝尔-利茨盖-克雷格联合股份有限公司提供

自己是“由许多小地方构成的大地方”。学校的校长约翰·瑞安（John W.Ryan）在1982年的校友会上表示了对校园景观的赞赏，他说自然应该成为主题，使水泥和石头的棱角变得柔和起来，用丰富而精致的景观把校园装扮起来。印第安纳大学的校园规划现今被评为“一系列庭院，有规则的也有别具一格的”。从任何地方不足以观其全景，在一系列变化的景观中校园的美丽慢慢展现在我们面前。

印第安纳大学校园绿化主题是由不同风格的二级空间构成的马赛克图案，人们所欣赏到的并不是大杂烩，而是各种时尚和风格的融合。与之相比较的是班尼梅里塔大学（Benemérita Universidad Autónoma de Puebla，墨西哥）的新校园，从建校那天（1977年）开始该校园就被认为是一系列庭院和小型购物广场的组合体。这种设计方案反映而且宣扬了本地建筑和绿化传统，这一点让普埃夫拉（Puebla）在本地化城市设计方面赢得了较高的评价。这个多姿多彩的设计方案包括庭院里的排水道、水和植物，还包括建筑物和空地交叉处光和影的效果。由于政治动乱，学校并未按最初的设计细部完全竣工，而且在后来的动乱的岁月里逐渐败落。1994年重新启动

菲利浦亲王方形庭院 高等加拿大学院，多伦多

方形庭院重建计划

杜图瓦联合有限公司，1979年

在校长的话语中，这些建筑物之间的空地是令人乏味的，在它崎岖的地面上堆放着破旧的自行车和汽车。现在已经被改造成为美丽的都市方形庭院了，地面上镶满了产自信誉山谷的砂石，台阶式的座位一律面向南面。阳光穿过刺槐嫩绿的叶子，现出斑驳的树影。

菲利浦亲王在校庆150周年时为这座庭院揭幕，修建的费用达5万美元。

西校区的改建——高等加拿大学院，安大略

闲置且荒芜的空地被改建成了庭院，其设计足以与皇家庭院相媲美。 杜图瓦·奥尔索普·布勒提供，多伦多

图书馆平台式的屋顶——犹他大学

图书馆扩建是增加景观的好机会。R. P.多贝尔摄影

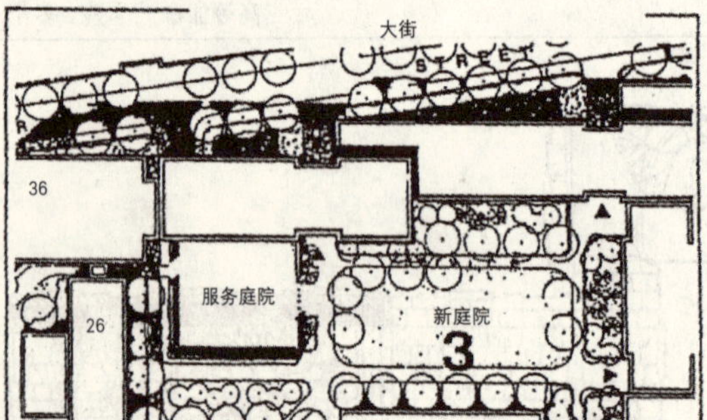

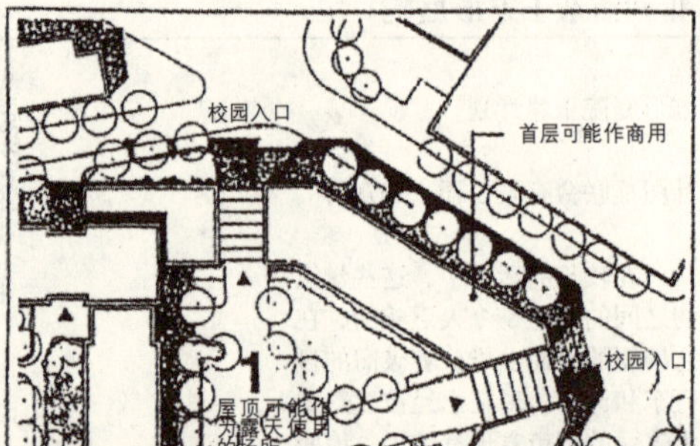

超前的设计——麻省理工学院

景观是一种珍贵的艺术品，它的创造者似乎永远也不可能看到它的全貌。一系列组合的景观理念在局部设计方案中形成了自己的定势，而且被看做整体发展计划中的一部分，设计图（华莱士，弗洛伊德有限公司）有助于学院的人员和整个城市理解麻省理工学院对校园景观设计定性的目标。这种令人激动又具有前瞻性的设计组合包括庭园、花园、台阶和屋顶景观。这种具体的理念和设计图可以作为具有前瞻性设计的典范。虽然不可能完全按如图所示的理念修建，但它们仍是理想化的设计意图和导向的图解。 MIT 规划办公室

外观设计的典范——波莫纳学院

高水平设计的标志：长椅、小道、树林、灌木丛、喷泉、灯光、半开放式景观，靠近建筑物，而且位于主干道交叉处。 R. P. 多贝尔摄影

内部设计的典范——罗切斯特理工学院

毗邻校园协会的室内花园式庭院，在昏暗的天气里格外惹人喜爱，这种景观在美国校园里很少见。 R.P. 多贝尔摄影

了校园景观理念，使之成为校园复兴计划中的一部分。

设计二级空间有很多机会去布置以各种形式标明时间和地点的景观设施——这种设计可以摆脱单调,超越条条框框和克服重复性。当思考整体校园设计的主题时，有许多令人兴奋的选择，如阿波罗尼亚（Apollonian）和迪奥尼西娅（Dionysian）风格，前者以几何、线形、方形、自制性、有组织性、透明性、柔和感及有棱角和规范为其特色。与之相对应的可能是松散的、精致的、柔和的和多姿多彩的，但却是一眼不易察觉和了解的。你喜欢哪一种？我高兴地记起学生们曾讨论过罗恩科（Rothko）和蒙德里亚（Mondrian）的优点。有选择是一件多棒的事情呀！

善于观察的人就会发现在绝大多数的校园里有许多机会布置二级空间。看看那些建筑物之间留出的地方，看看那光秃的地块，在它高低不平的沥青地板上堆放着破旧的自行车和汽车。高等加拿大学院（多伦多）的校长就是看到这情景才建立了基金会，将美化校园的责任转化为一种获奖的资本。作为一种本地标识物，产自当地信誉山谷的沙石镶满了方形庭院的地板。犹他大学对图书馆进行了扩建,屋顶如同展示台将美不胜收的城市风光和校园全景尽收眼底。

行动敏捷的校园规划办公室会不失时机地捕捉到这样的景观。例如说麻省理工学院在东校园发展计划中提出的建议。为了尽量避免华而不实，他们希望修建一些吸引人，且方便人们日常生活的地方。当人们穿过空地时，还可以提供一种视觉享受。有的方案还提出修建屋顶绿地以提高土地利用率。这种水准的理念可以作为学院的一种策略，而且根据不同的资源和要求还可以不断地调整，成为在任何校园规划中行之有效的方案组合。所有眼见的景观，你也可能实现，作为典范，它们告诫那些根据现有的标准、准则和指示制定投资计划的人。

在实现了的理念中，波莫纳学院的居住型庭院和罗切斯特理工学院的校园中心空地展示了在预算合理的情况下，二级空间所能达到的最高水平。

2.13 三级空间

一般的校园都有幽静的角落和户外场地，个人和小群体可以在那里参加课外活动。这是躲避喧嚣的好去处，是社交的好场所。这些场所也可能是经过精心布置和仔细修建而形成的功能性景观区。

精心布置的三级空间上可以看到观景阁、大片绿地、犬牙交错的围墙、户外小凉亭，还有定做的椅子。坐椅的功能在三级空间占有很重要的地位，而坐椅的外形和特点是多种多样的，没有固定的

三级空间的有利条件——无名学院

R. P. 多贝尔摄影

随处可见的座椅——密歇根大学，东校区

JJR 提供

模式，就像人们在校园寻找某个地方，或在产品介绍中寻找某种样品时看到的。据说当制造商未经专利许可就仿造设计者的发明制造出窗户时，建筑师会认为自己很了不起。对景观建筑师而言，另一个成功的标志是长椅，因为椅子似乎在风格、布景和材料的选择上没有任何限制。但并不是所有的椅子都设计得很好，所以买者必须要谨慎。有些上面的碎片和灰尘很不易于清理，或是座位太倾斜了雨水冲刷不到，或是高度、宽度、靠背令人不舒服。选择、采用单一的设计模式有助于在视觉上与景观协调一致。不过，偶尔采用一些独具特色的长椅或座位，使其独特的造型给校园增加一种活泼的色彩也是未尝不可的。

可以围绕一片三级空间布置一些座位，就像户外居室里的家具一样。那些靠近主干道的座位大有用处。在有条件的道路旁修建一些座位可以使座位下面铺的路面避免出现淤泥和水坑，也让人感觉是处于一片精心布置的空间中，还可以在空间中增加一些灯、标识物和垃圾筐，提高校园景观的档次，既实用又有魅力。也可以在空间的周围设置树篱。任何人、物、毕业班级或是事件都可以成为最佳的纪念性景观。一些附加设计和有关人们活动的问题可见第51～70页，图片见第185页。

2.14 水的景观

▶ 在英国没有比这个地方更有魅力的了。天鹅绒般的草皮，古老的榆树和酸橙树——漫长而古老的林阴大道——静静的小河——优雅的石桥——灰色、红色或是黄色的老楼——高高耸立的国王学院的教堂上的小尖塔。[(A.E.里夫(A.E.Reeve)，《剑桥编年录》(Cambridge Chronicle，剑桥，1859年)]

▶ 在美丽花园或是优秀的景观元素中，没有比细致的水景使用更重要的了。[乔治·蒂利斯通(George Dillstone)，《景观和花园》(伦敦，1936年)]

▶ 落溪和瀑溪峡谷是康奈尔最有特色的胜地。对于居住在这儿的康奈尔人而言，每天穿越峡谷都是一种非同寻常的体验。在城市景观日益受到限制的今天，它们向人们展示了茫茫荒野的博大浩瀚。[约翰·乌尔贝里(伊萨卡，1992年)]

“水的景观”(Wetscapes)一词的合成是用来描述主要由水构建

的景观。这种景观是在校园中用手工或机器仿照自然制成的大型景观。在形式上包括江、河流、小溪、湖、池塘和大型的喷泉。无论大小，它们都是景物或是背景，可近观也可远眺。水的彼岸向我们展示的是又一平面的风情。在一些景物中，喷泉是与建筑结构对位存在的。有时在和谐的灯光映衬下，喷泉如一座耸立的雕塑喷洒着拱形水雾，是微缩的自然景观艺术品。皇家山谷学院的喷泉喷洒凉凉的爽情快意。根据干旱地区的实际情况，将棕榈树融入当地景观，蓊郁的树阴充实了校园的绿化主题。一些水景也可以用做娱乐场所，例如，人们可以划艇、泛舟、扬帆或游泳，也可以沿着岸边散步、跑步或骑自行车。

在校园设计史上不乏优秀的水的景观。美国早期的校园样板就包含了水景。通常设计者会在设计图的背景或是前景上勾画一个幽静的池塘。经过进一步的研究证实这往往只是设计者的遐想以推销自己的方案，也许是为了场地更加时尚吸引大众的目光，或仅仅是设计者的幻想。在完工的一些作品中我们较偏好伍斯特学院（牛津），卡尔顿学院（明尼苏达）和迈阿密大学的人工湖，这些学校将有碍观瞻的场地改建成了美丽的风景区。

伍斯特场地是开凿牛津运河时遗留下来的潮湿的、散发着异味的地区。历史学家梅维斯·贝蒂（Mavis Batey）曾指出改造是“必要的合理的”[《牛津花园》(Oxford Gardens) 埃夫伯里，1982年]。在19世纪早期，对这3acre(1.2万m^2)污浊之地进行挖掘、造型、灌水，而后在湖的四周种上树，创造了精致的校园景观的经典之作。莱曼湖（Lyman Lakes 卡尔顿学院）原是杂草丛生，溪水泛滥之地。植被指导员D.布莱克·斯图尔特（D.Blake Stewart）于20世纪20年代首先疏浚了河道，后来才进一步对其进行改造和美化。作为著名的“未受过培训的专家”，斯图尔特有极好的眼力和灵敏的感知，能将地形和植被融为一体，创造一幅如画一样美丽的风景。代表作莱曼湖完工之后，他继续将湖边的绿地扩建成了学校的植物园，将流经校园的小溪改道，修建了运动场，而后又负责将看似被狂风肆虐过的牧场的学校和建筑物改建成了一所美丽的校园。

在布莱克美化卡尔顿学院的同时，迈阿密正在挖掘佛罗里达式的明尼苏达沼泽地并对其进行改造，意欲将其作为学校初期发展计划中的中心景观。70年后，学校湖区仍不断地得到改善，在湖边修建了花园和条件更好的小道。水的主题总让人们想起各种各样的喷泉，包括奥西奥拉湖（Lake Osceola）中作为垂直元素存在的引人注目的喷泉。

在美国高水平的空间布局的典范中，加利福尼亚伯克利分校的校园像一本风味俱全的菜谱，它的校园规划可以满足任何风格的要

一些著名的新校园也修建了一些出色的水景，作为校园标志性的景观。这种水景要求设计者对坡度和圈地进行仔细的策划，对岸边的植物要有专业性的了解，要具备画家的素质去绘制悦人的风景画和有个性的画面。

水布景——迈阿密大学

喷泉在艺术上给奥西奥拉湖岸边的历史性空间带来勃勃生机，从实用性角度看，可净化湖水（上图）。校园喷泉，以水为主题的校园景观（下图）。 R. P.多贝尔摄影

求。两条樱桃小溪，源自于改善古典装饰艺术设计的早期规划，现在用于营造一种简朴的气氛，小溪顺着崎岖的地形蜿蜒向前流动，在小溪的两边本地的植物和天然生长的植物形成了茂密的树林。1990年长期发展规划将其作为保持校园特色的方案。一些著名的新校园也修建了一些出色的水景，作为校园标志性的景观。这种水景要求设计者对坡度和圈地进行仔细的策划，对岸边的植物要有专业性的了解，要具备画家的素质去绘制像弗曼大学（南卡罗来纳）一样悦人的风景画和约克大学（英国）一样有个性的画面。

专家乔治·蒂利斯通（George Dillistone）将与水有关的景观分为三类：湖区或是天然池塘，以及河流和河道，“曾经堆满淤泥而非天然土壤的区域，不得不将其改建成人工湖以存蓄水”。就那些规则的水池和盆地而言，适应设计师的设计要求，在无形的足够的空间中创造理想的光线、树阴、倒影的流动。对于天然的布景而言，如果存在必要性和机会，设计师可以用那些在它们特有环境中繁茂生长的植物去布局整片景观，而且通过选用这些植物可以避免灾难性的不和谐。

对那些希望将池塘或湖泊从纯审美的创造中解脱出来，成为水、土、植被经典组合的设计师，弗兰克·沃在《景观建筑》(1931年4月）中提出了自己的见解。一些景观建筑师以严谨的态度盲目地追求外观美丽，却不自觉地违背了植物群居的自然性，沃对此表示忧虑，沃认为，设计师对不同质地、颜色、规模和形状的兴趣需要迎合自然规律。他列举了八种植被形式，可自池塘或湖中心向岸边或更远处延伸。它们是：水底植物、漂浮植物、沼泽植物、沼泽草地、沼泽树林、沼泽灌木、岸上植物。以沃的与水有关的植被图解为基础，根据地区植物和场地环境的不同调整后的方案可以作为场地设计史上的一个范例来阐述或作为户外实验室将其纳入自然科学或环境研究之列。

查尔斯河湾（波士顿）被认为是一项本地化的设计方案，是建筑物和景观中比较上镜的典型。无论按干燥的空间，还是湿润的空间，它都是世界上规模最大的校园历史性空间，尽管有人这么认为。波士顿大学、哈佛大学以及麻省理工学院的一些建筑群修建在能够看见水景的地方。从河边向建筑群望过去，能看到不同风格的建筑和景观构成的迷人的画面。通过一条环江公路和自行车道各个大学彼此相连。这里一年四季都有水上娱乐：在温和的天气里划艇，河水结冰时滑冰。地区水净化工程完工后，就可以在安全监控下在干净的河水中尽情地游泳了。

一个世纪以来，查尔斯河湾一直是大学的一道景观，现今迷人的风景是长期设计改造的结果。这种偶然性也体现在与其风格迥异的英国剑桥大学的贝克斯之中。它们在形式和特色上有所不同：城市化的查尔斯河与田园式河流的对比，后者流经六所大学，其岸上的草坪和花园形成了统一的效果。多琳·布洛克郝丝（Doreen Brockhouse）在她令人大开眼界的文章《剑桥的贝克斯》（The Cambridge Backs）中记录这一切，包括最乏味的初级阶段在内。"大家一定记得，开始时学院与创造美观的环境无关"，"河岸的布置都是实用性的，而它的发展也是由许多意见相左的权威决定的"。从沼泽地、鱼塘、牧场到巨大的鸽子屋（鸽子的粪便可以带来利润），建筑物和花园两种艺术的完美交相辉映融为一体。她写道："虽然这种效果是无意的、不自觉的，但那些有远见、有品味和有文化素养的人们是功不可没的。虽然没有他们共同的劳作的记录，但这幅美丽和谐的风景画就是他们劳动的成果。"

旱地景观——亚利桑那大学

R. P.多贝尔摄影

2.15 旱地景观

旱景，是干旱地区景观的技术性专门用语。旱地景观设计要选择在气候干燥的条件下能够生存的植物。

校园景观可分为三类：绿色景观、水的景观和旱地景观，尽管有人对此有不同意见。构成三种不同的美丽景观的各种要素可以用一篇非常有趣的文章来叙述，并且还要插入图片来解释。根据我们的分类，提及一些旱地景观中应该注意的地方就足够了，所以我们举两个例子来代表。

旱景，是干旱地区景观的技术性专门用语，旱地景观设计要选择在气候干燥的条件下能够生存的植物。在美国南部的一些校园，著名的圣菲学院、普埃夫洛社区大学、亚利桑那大学和新墨西哥大学的景观就是以旱景为主。他们强调采用石头、碎片、地质标本、仙人掌和耐旱植物，这些要素的组合是最佳的地方标识物，尤其是用各种各样的颜色、质地和醒目的形式布局时，在本地化风格的建筑物的映衬下，真是令人叹为观止。

旱地布景：细部，图书馆的平台屋顶——圣菲学院

R. P.多贝尔摄影

出于风格的考虑，而不是出于对环境的考虑，一些校园只有庭院和购物中心而没有大片的绿地。精心设计的小路、围篱、石头和金属片，都是别具一格的。最近的佳作当属西肯塔基州立大学的旱地景观了。

小树林、花园及教育、娱乐和启蒙场所

▶ 许多学院在不久前才从专用的建筑物中分离出来，有了自己熟悉的名字，例如亚里士多德和柏拉图学院都是从体育馆分离出来的，他们曾经以体育馆为家……慢慢地有了物质上的援助，这些有助于定义不同派别并使其生存下去。柏拉图自己在树阴遮蔽下的小树林里有了一个小小的花园，他的追随者住在那里。学生们聚在一起，漫步在树阴下，听他讲课。他们甚至将自己简陋的小屋修建在离小花园尽可能近的地方。开始只是简陋的小屋，而后随着富有的学者们的不断资助，最后形成了自己的领地。[(W.W.卡珀斯（W.W.Capes)《雅典的校园生活》(University Life in Athens)(伦敦，1877年)]

▶ 有关植物园的最初理念很接近植物园这一名称的本义……后来，这些学院向着更广更深的层次发展，植物园成了传播科学、传授知识的教育机构。[《英国百科全书》(Encyclopaedia Britannica)，第14版)]

▶ 在中世纪的欧洲，我们文明的先行者所创立的有关植物的科学研究是围绕植物的医学用途展开的。修道士在草药园研究如何在黑死病盛行的时代存活下来。这些对后来的医生很有指导意义，这些花园可能是最早的植物园。[(W.H.里基特，《花园杂志》(Garden Fournal) 1956年9～10月)]

▶ 我一直梦想有这样的花园。当人们疲惫、焦虑或想寻觅美时，可以走进花园，然后如获新生一般走出花园去迎接新的一天的挑战。(捐款人：洛兰·米勒·柯林斯，伯恩斯·米勒伯爵日本花园，加利福尼亚州立大学，长滩，1996年)

有关类型的评论现在一般要包括11种校园景观，每一种景观的功能要符合教育目标，而且要根据教育目标进行造型，有关类型这

一部分的定义扩展了对一些因素和环境的介绍，正是这些因素和环境使景观更好地为高等教育创造良好的环境。

我们开始的时候介绍了一些景观，设计者采用植被来达到科学和审美的目标。前者包括按学科分类的布局，如植物学和树木学，自然科学的户外实验室，园艺工作者和景观设计师的实验场地。就审美而言，一些校园景观希望通过园艺设计成为一件艺术品，另一些则成了摆设艺术品尤其是雕塑的空地，成了户外的美术馆。当人们欣赏这些景观时，发现科学与艺术之间的界限已经变得很模糊了。从科学和教育的需求考虑，挑选植物、布局植被，能达到持久的美观效果。在程度与规模、修建景观的意图、相关性和恒久性上这些方面都存在显著的差异。我们的清单上包括花园、园林、植物园、自然保护区和天然小径。先讨论艺术花园、主题花园、四面环山的平地和有历史意义的场地，而后介绍运动场和娱乐场所，最后介绍室内景观，最重要的是认识到这些景观对于教育的重要性，因为有组织的休闲运动，对健身健脑都大有裨益。室内景观之所以能吸引人是因为新的技术为创造令人心动的空地和室内植物的存活提供了条件。为了对现有的校园进行评估，或是为新增建校园进行设计时，需要采用结构模式，这11种景观应该涵盖绝大多数情况。或是需要对条件和因素的定义进行调整时，情况也大致如此。这是景观设计的复杂性和多样性的明证，而这一情况在那些以其景观而自豪的校园里尤其明显。

2.16 植物园和园艺园

我们首先介绍以科学研究为目的修建的景观，以表达我们对西方大学发展史这一重要起点的敬意。帕多瓦（Padua）、乌普萨拉(Uppsala)、莱登和牛津大学的复兴花园因为它们对采集、解释和传播有关药物、草药和香料的科学知识所做的贡献和在“大发现”时代发现经济物种所起的重要作用而闻名于世。帕多瓦大学早期景观融进了现代的色彩。源自于修道院时代有关草药的知识、通过外交性互赠和征战获取以及一个愿意建立象征性设施的社区的出资等等途径收集来的植物，都成为大学的课程和校园设计的内容，吸引着来自世界各地的学者。因此，这个背水的小镇——与佛罗伦萨或米兰相比不过是一座威尼斯的附属小城——获得了政治地位和经济实力。人们可以观察到，这种融会贯通的方式让人联想到了现在有些地方就是因为在校园里发展和建立生物工程中心而获得名誉和经济利益。

现今，校园的户外科学功能主要采取园艺园、植物园和树木园的形式。前者是指长着茂盛的植物的景观。树木园主要包括树木、灌木、绿藤，是专门为树木学研究设置的。总的来说，就像美术馆里管理员一样，这些景观的负责人采集植物，为植物分类、作注解。种植这些植物是为了研究和展示，为教育和研究提供活的标本，管理员们尽可能地根据具体的植物模拟它们的生长环境。展示是一种艺术和实用性科学。种有水生植物的池塘、岩石公园、以灌木丛为背景的小树林——这些都是对大自然的模拟，通过精心的加工后，它们就能提高校园景观的美学价值，同时也为专科教育和调查提供素材。如果设计师和自然科学家通力合作，将可以创造壮观的校园风景。杜克大学的萨拉 · B.杜克花园和加利福尼亚大学占地39acre（15.8万m^2）的植物园是其中的典型，它们体现了两种不同的理念，园艺园和植物园。这两种理念虽然在功能上有重叠，但其形式和特征却不尽相同。

萨拉 · B.杜克花园建于20世纪20年代，它源自于与学院西校园毗邻的占地50acre（20.2万m^2）的松树林谷。这是备受欢迎的旅

萨拉 · B.杜克花园——杜克大学

P. R.多贝尔摄影

游胜地，婚纱照的最佳布景。在这儿可以逃避学校繁琐的生活，获得暂时的宁静。这是休闲的运动场，当然它还是最好的园艺收藏馆——水产植物园、玫瑰园、纪念碑、植被、露天剧院、教室和附属建筑物，它给每个慕名前来的人一种与众不同的感觉。

花园的艺术集中体现在景观建筑师埃伦·希普曼所设计的分层次的花园和它附近的F.H.洛布希尔设计的百合花池塘和植被上。花园可以在许多方面为教育服务。为了配合有关园艺和文化历史方面的教育，这里经常性摆设着手工制品，变换植物的布局。1990年这里修建了日晷纪念碑。这座依风俗手工建成的纪念碑作为中心饰物屹立在杜克的鸢尾花园里。管理员利用这座纪念碑向游客介绍记时器的发展史和花园的装饰物，甚至包括日晷上铭文的变化格式。每个春天8000朵郁金香同时绽开争奇斗艳。这是在资金支持下园艺研究向纵深发展的结果。对于游客而言，给他们印象最深的还是不断向外溢出的色彩。这种高水平的主体花园要求校方不断精心地呵护，而当每年运作资金吃紧的时候，这种承诺总得不到彻底的贯彻执行，杜克的资金主要依靠捐款和定期基金。1996年的重建计划提出了有关流通和运作的问题，明确了一些植被计划，以及在名品收集中增加新一代的植物和树种。

位于加利福尼亚大学河边占地39acre（15.8万m^2）的植物园，在规模上比杜克花园稍小一点，它更像是天然景观，而不像是人工花园。如果把杜克花园比做一座大型的种植园，那么在河岸最能打动游客的则是它崎岖的地形和与众不同的生物园。在中心校园的范围里有凯树、仙人掌、红凯树以及红杉树林；校园是哺乳动物和鸟类动物的天堂；校园里有玫瑰园和草药园，在网格球顶的房子里摆放着各种苏铁属植物，还有一座横跨鱼塘的小桥。鱼塘满是湿潮的猫尾草和纸沙草植物，塘里有乌龟和翻车鱼、蜻蜓和各种爬行动物。这些以及其他一些景观修建于20世纪70年代，彼此之间有被称为“户外教堂”的小径连接。从门房和植物标本室开始，顺着小路，人们会经过地势较低的沙漠地带，登上地势较高的壮观的科罗拉多大峡谷的山脊。沿路的标识牌和信息栏向人们介绍此地一些意义非凡的自然景观。

令人不解的是，在全美4000所学院和大学中，只有少于10%的学校拥有植物园。在我们这个重视生态平衡和自然环境质量的时代，这种情况令人困惑。我们注意到植物园并不需要很大面积的土地。只要根据树的生物学名称对它们进行分类以及增加一些新的本地物种，就能将一所普通的大学布置成为一座植物园，为什么人们忽视这种方式呢？具有讽刺意义的是，在有关建筑和设计的图书馆里可以发现成百上千个介绍花园历史和设计的书名，却没有一本以科学研究为中心的校园景观的书。在诺曼·牛顿所著的权威的概要《陆地上的设计：景观建筑的发展》(Design on the Land:The Development of Landscape Architecture)（剑桥，马萨诸塞州，1971年）的索引中没有树木园或植物园这一条，也没有关于学院和大学植物的介绍，阿诺尔德树园除外。代表校园景观历史发展精髓的天然矿石还未被人挖掘出来。

对于为鼓励高等学府进一步搞好绿化工作而热情提倡进一步扩展校园景观的人们，现在要再介绍美国的一些以科学为主题的景观。先介绍一些早期的人和事，最后是最近一些有启蒙意义的概念化的景观。无论是在现代化的或古老的校园里，植物、研究、教学和景观之间的联系都是毋庸质疑的，无论是名义上还是实际意义上，这些景观都深深扎根在美国高等教育中了。

鼓舞人心的先例

乔治·华盛顿总统，托马斯·杰弗逊总统和詹姆斯·麦迪逊总统都曾肯定过大学植物园的经济价值，当时他们也曾提议在华盛顿修建一座国家植物园。华盛顿的这一提议很鼓舞人心。比起在儿童计划中指定的广场上修建一所海军医院，华盛顿更希望修建一座植物园，他还指出“对学校而言，植物园是极佳的布景”(1797年)。

而后在1814年修建国会大厦的第一位建筑师威廉·桑顿(William Thornton)博士劝说麦迪逊总统出资建立这样一个公司。他引用华盛顿的话说:“花园应该是建立艺术类学校的先决条件。”为了支持有关经济效益的论证，他提及:“用于修建此种机构的每一美元都会有良好的回报。这种优势是无法估量的。遍及全国的植物、树木、绿藤等会被认为是神的恩赐。如果漠然无视国家的自然环境资源，那么即使我们拥有不计其数的财富，我们也还是贫乏的。”虽然他的观点当时没有得到重视，在建立美国农业和机械院校时，这个基本的政策问题（国家对以园艺为核心的教育和研究）终于得以彻底的解决了。

有关开办这些公司的法案当时指的是1862年颁布的向学院捐赠土地的法案，参议员贾斯廷·莫里尔于1857年起草文件。法案被认为是在内战艰苦岁月中明智的中央政府的一项善举。这项法案授权各州变卖土地或是捐赠土地支持农业和机械院校。当时这些学校中康奈尔大学比较出众，他们将这项资助也给予了一些私人，在一些半荒的地区，建立了新的校园。

19世纪后期，学院开始吸引公众注意并寻求在社会上的地位，得克萨斯农业与机械大学的建筑和景观采用两种形式。一些人采用古代的建筑风格，在他们的设计图中显示出了宫廷似的豪华。用经典的模式或过时的乔治亚时代的装饰物装饰像盒子一样的砖块和石头建造的结构，或是用复折屋顶和塔顶来装点这种结构。这种结构在维多利亚时代的曼彻斯特曾经见得到，而在美国乡村中难得一见。从初步设计图中可以看出在方形庭院里建筑物都是以直角方位进行排列，充分显示了修道院和东部海岸风格的影响。与之相配合的景观大多是草地和树木，有时是种植在斜坡上的，而不是种植在用机器压平的土地上。

但现实往往是另一回事，那些乡村气息较浓的学院应该感到安慰。因为他们这种休闲的绿化理念经常被选做民主派的绿化主题。这些学院主要采取休闲随意的布局，在一大片自然的无形状的绿地上屹立着一些极佳的建筑精品。这样别具一格的布局使严肃规矩的设计黯然失色。源自自然的设计就是最好的设计，也极富魅力。在这些风景如画的布景中，迷人的州级密歇根学院（现在的密歇根州立大学）应该是最出色的。

弗雷德里克·劳·奥姆斯特德在他1915年的报告中说道："密歇根学院无疑是最美丽的校园之一，它完美地反映了19世纪美国学院的绿化特点。"经过细心的栽种和精心的照料，密歇根学院成为校园田园式设计的典范。它拥有蓊郁的树林，大片的草坪，没有正规正矩的方形庭院，取而代之的是一片宽阔的原野。后来的校园规划希望通过扩建进一步强化这一理想化的由价值决定的景观理念。

哈罗德·W.劳特纳在他有关密歇根学院后期发展简介（《景观建筑》1952年）中强调园艺技术对本地精神的影响。早在1865年就有了关于"景观园艺"的课程，到了1884年，整套课程、教学模式和教学目的都已经定型了。学院的目录上写着："园艺是一门艺术，将详细讲解这门艺术的准则而且必须以学校的风景为蓝本构图。"园艺作为一门科学也被纳入花园等级要求之中。"教授一边带领他的学生游览学院秀丽宽敞的庭院，一边讲解学习的内容。"就这方面而言，校园已经成了一座植物园。学生们可以看到并且欣赏到科学和艺术的融合，随即从他们所学的东西中得到快乐。我常常会高兴地想起数年前在由密歇根传统教育（全面掌握生物和植物特性）的一些专业人士和来自哈佛大学的专业人士之间进行有关景观理念的讨论。在哈佛大学，有历史价值的植物园比较接近城市而普通植物园则在几公里之外。

作为农业和食品加工的忠实支持者，密歇根对基础研究和信息传播所做的贡献为学校赢得了国际美名。在这几十年间，专业人士对校园发展的影响力一直是主要的而且无处不在。在第二次世界大战后密歇根学院前所未有的扩建中，学术活动和专业人士承担校园美化工作职责的结合达到了历史性的高度。学院的景观开发和城市规划部门开始要求在学校规划中扮演指导角色。它指出自己如何通过将这种艺术和科学付诸实践，向本地有关单位讲授景观的本身和社会价值。后来，兰恩特陈述道，“学院的管理层认为有资格教授景观的教研部门却不能协调和指导全院在教室和校园里布置大片的绿化布景，这是没有道理的。”理论和实践完美结合，校园景观的科学性和艺术性将整个校园变成了一座大型实验室。

得克萨斯农业和机械大学的遗产类理念还包括其他的校园景观成分：专门用于研究和社区服务的树木园、园艺园和植物园，以及源自于农民的观念和对土地和大自然的敬仰，作为校园传统一部分而建立的景观。在现存的综合性的校园景观理念中，浓缩在面积不大的实验地里的现代化中心校园和宽阔的校区融为一体，在本质上是真正美国意义的校园景观。

其他地方和特征

人们在浏览校园记录时，会发现许多现存的古老的校园景观的形成显然得益于那些古板固执的教授和园艺工作者。他们考察过欧洲的花园，交换了植物和种子，而后一生都致力于改善学院庭园的外观。

别具一格的锦绣校园景观不仅仅在一些大型公立学校占主导地位。密歇根州立大学的设计和史密斯学院的设计是一个流派的两个分支，这一流派的主要人物是弗雷德里克·劳·奥姆斯特德。当史密斯学院邀请奥姆斯特德的团队来指导学院扩建工作时，作为19世纪美国景观设计的泰斗，他给予了马萨诸塞州一些学院许多指导。而且，1892年在北安普敦的庭院中修建了一系列既有学院派风格又有波士顿本地特色的公园，由池塘、小树林和各种庭园构成的总体效果比较强调标志性的树林、有限的视角和因地而变的景观，而那些弯弯曲曲的小径和道路以及花园则是总体效果的点缀物。

1894年学院聘请了植物学家威廉·F.甘农（William F.Ganong）和曾在英国基由花园学校受训的园艺工人爱德华·J.坎宁之后，决定根据学院的资源、校园生活宗旨和教学任务，开始采用奥姆斯特德的理念。这种兴起的理念包括两个主要的目标：将整个校园改建成一座植物园以及“给各年级的学生上一堂最深刻最生动的有关经济学的课程。”甘农于1887年12月在《森林和花园》写道。他的真知灼见和使命感是教育界的一面旗帜，值得后人学习。“这座花园首先着重体现的是植物园的特点和教学的功能，但这并不意味着忽视了它的美感。它所散发的魅力，会让人感到置身于牛津的花园就像置身于天堂之中。”

颇有争议和讽刺意义的是，从历史的角度来说，人类周期性的喜新厌旧的情绪曾让树木园和植物园身受其害，但只要最初的设计像史密斯学院的设计一样扎实可靠，这种麻烦是可以克服的。史密斯学院曾经有一些杰出的园丁因追求更高的地位而离去，但却又被同样优秀或更优秀的园丁所取代。试图将时髦的对称几何设计运用于随意性的景观设计方案在1914年被否决了。现在温室被认为是功能性建筑物的标志。在1938年的台风中失踪了200多棵树，后来经过精心挑选，又重新种上了。岩石公园曾经一度因为被风化而逐渐变得面目全非，后来又得到了修复。根据现代空间原理和实践，对过时的凌乱的花床进行了整修。现在学院设有建筑工程预算和专门的绿化基金，相信这对景观设计是一种鼓励并将为史密斯校园注入新的活力。这一点十分符合甘农的信条：“不断实践，不断改进”。

戴维森学院（Davidson College）的树木园是另一个有参考价值的范例，它源自于1869年一位教员对理事会所提的建议，这位教员提出“应该让校园在内涵上体现整个州的景观现状，如果可能还应该展现整个地区的美丽风景。”对这些提议现在没有足够的历史记录加以证明，只是散落在美国教育的编年史里。一些先驱者是一些有地位有名望的人如埃兹拉·康奈尔（Ezra Cornell）。为了纪念他在任校长时的贡献，以他的名字命名了一所大学，叫康奈尔大学，这所大学有着珍贵的校园景观。

在近几年的教员的提议中，南利尼·纳德卡尔尼（Nalini Nadkarni）教授在万年青州立学院所做的工作似乎为校园景观设计创立了一座里程碑。他把一片树林当做一所研究所用来从根部到顶部分析树木的生长情况。树冠层包括从学院图书馆到森林中一部分的空间通道，途间有一中间站作为“空间观察点”。这项计划和这一观察点反映了万年青学院在环境研究中的卓越贡献。纳德卡尔尼写道：“我们想要传达的一条重要信息是，不仅只是原始的荒野，所有的森林都能为我们的星球的健康发展做贡献。”

下面我们介绍三位名不见经传的人物，以表达对无数为校园景观辛勤工作的员工的敬意。他们在艰苦的环境中为科学和艺术献身的精神是值得我们学习的。园艺师哈里·林德伯格（Harry Lindberg）于1925年前后在肯塔基大学工作的表现堪称无数默默无闻工作者的典范。用拖拉机和铁铲，他将校园内9acre（3.6万m^2）的不毛之地改造成了一座植物园，其中还包括为水生植物开凿的两个水池。在列克星敦园艺协会和当地的苗圃场的帮助下他修建了当时全州最大的杂交杜鹃花的展览馆。从加利福尼亚州的林业部门他得到了一棵漂亮的意大利松柏，据说是由一颗在客西马尼园（Gethsemara）花园发现的种子生长而成的。林德伯格修建了一座岩石公园、小道、长椅及在花园入口处用本地石灰岩修建的扶壁，旨在让这座公园成为一个标识物（一种设在某一特殊场地在视觉上有标志性特色的校园设计元素）。在今天一些新的和扩建的植物园也能感受到他的影响力。

俄克拉何马州立大学1933级毕业生拜伦·汤普森（Byron Thompson）花了30年的时间将自己母校的庭园从"不毛之地改造成了美丽的花园"。学校上百年的历史中对他感人工作从开始就有记载：在三年内种上了700棵树及2万种灌木和花。他不仅展示了作为科学和艺术融合体的园艺的魅力，而且尝试了施肥、改造土壤条件和整修庭院的工作。"将佩恩（Payne）小镇中坚硬的土壤和平地变成了松软的绿地。"通过这些工作，他营造了一片出色的景观。拜伦·汤普森修建的位于校园中心显眼处的对称的花园和主要图书馆梯形空间可以说是独一无二的。

位于北卡罗来纳大学的科克尔植物园是另一批有远见、辛勤工

拜伦·汤普森的成功——俄克拉何马州立大学

R. P.多贝尔摄影

科克尔的花园——北卡罗来纳大学

卡伦·伯克托尔德提供

作的专家修建的艺术品的典范。查普尔·希尔是首位生物学家和大学首届建筑和庭园协会的主席，威廉·C.科克尔（William C.Coker）将一片占地5acre（2万m^2）的边缘绿地改造成了一座迷你植物园。来自海外的植物，尤其是来自东亚的树木和灌木与北卡罗来纳的植物形成了对比。在20世纪设计这座植物园的目的是将其当做一个户外课堂，而现今却被新建的中心校园环绕着。作为自然保护区，它不仅欢迎师生从科学的角度来观察花园，也欢迎那些希望从竞争激烈的校园生活中抽空放松一下神经的人们。就像一块石子在湖中泛起的波澜一样，科克尔的影响非常深远。这所大学现在是以四种主题来经营这块占地600acre（243万m^2）的植物园和花园。它们分别是："植物的多样性、人类对植物多样性的依存、交谈的需要以及在花园和大学中对现代问题和提高人类生活质量问题进行研究的重要作用。"

21世纪的生活会产生对扩建和加强校园景观的兴趣和需要，而对于扩建和新建的植物园和花园的设计，将建立专门的项目基金，对于我们的这一推测，一些近代的范例足以作证。在俄亥俄州立大学发生的一些事件进一步证实了对有关校园景观的多元理念的判断。俄亥俄州立大学1998年的绿化方案包括占地11acre（4.5万m^2）的专用花园、高速公路沿线的树木、在1600acre（647万m^2）的校园种满树，这样它就成为了名副其实的植物园以及一个新的校园入口。后者指的是景观建筑师威廉·约翰逊所谓的“绿化入口地带——一块标志性地区，在那里，汽车、运动器材和植物园共同构建了通往校园的入口”。高速公路的植物园计划采用员工所建议的植物。实际上，这些员工是想展示植物的延续性所带来的视觉效果，以及中心校园装饰性的植物（园艺部）。一位当地居民于1998年捐赠了1000棵树，另一位为改善校园景观于1999年捐赠了100万美元。

第207页概要介绍了如何确定树木园、植物园和园艺园的面积，目的还是寻求机会以加强校园景观科学研究和美化环境的功能。无论是大面积的，还是小面积的园林都对改善高等院校的环境有重要意义。

2.17 树木园

- 他们的小树林（无论是什么时候栽种的）一直都很整齐，像古代的果园，但这种做法却是完全错误的。因为当人们模拟自然时，我们应极其精确地跟随自然脚步。因此当我们栽种大小树林或其他树木时，我们唯一能做的就是根据树林原来的面貌来栽种。三棵树绝对不能排在一条线上，除非偶尔为了多样化。[巴蒂·兰利(Batty Langley),《园艺的新准则》(New Principles of Gardening，伦敦，1728年)]

- 一块地，一些美元，对树林、自然和美的热爱，一位采集者的本能和对科学的兴趣，有了这些就能创造一座植物园。1acre（0.4万m^2）足够容纳20到25种树木和许多秀丽的灌木丛。对于一个展览馆而言，5acre（2万m^2）就够了。（《农业年报》，1949年）

- 土地的面积实际上限制了植被也限制了植被的种类。如果只有5acre（2万m^2）地，设计者不能选用大树，因为浪费土地。如果一定想采用大树，他必须只选择一种大树，就像集邮者只收集某个国家的邮票。[弗雷德·莱普（Fred Lape）《有树和灌木的花园：有关规划和修建植物园的建议》（A Garden of Trees and Shrubs:Practical Advice for Planning and Planting an

Arboretum，伊萨卡，纽约，1965年)]

▶ 未来几年的植物园的发展方向是使其变得更宜人，并不断扩大教学研究项目。为了实现这一目标，我们计划改善一些设施，增加新的课程，扩大有表现力的景观和围栏，继续有关耐寒抗病植物的研究以及寻找更好的方式向人们通报研究成果。[彼得·J. 奥林 (Peter J. Olin)，明尼苏达植物园董事长，1986年]

树木园以树本植物（树木、灌木和绿藤）为主，它的传统作用在校园里得以延伸，校园里的树木园中增加了一些其他的植物，而且树木园将作为校园的科学、教学和文化资源而存在。典型的学院和大学树木园的主要功能包括栽种、考察和展示当地最好的植物，介绍新的品种，为科学和研究服务，传播知识，鼓励发展各种植物类经济，以及提供户外娱乐场所。这些活动和收集品可以分散到在校园的各处，也可以将它们设计在校园里或靠近校园的地方，或设计一座足够大的树木园成为一个专用的校区。

麦克马斯特大学（加拿大）一直是靠近主校园的占地2400acre (971万 m^2) 的保护区和自然地带的管理者。大学的生物科学工程系与皇家生物园合作，就植物产地、沼泽地改造和生物多样性等开展多方面的研究。与中心校园毗邻的大面积的自然保护区给予麦克马斯特丰富的绿化资源，既展现了学校的景观和美感，而且还是一个广阔的户外实验室。

明尼苏达植物园建于1958年，是明尼苏达大学景观设计系的一个经营单位。它位于特温城西部的675acre（273万 m^2）的地区，种植着本地物种和来自世界各地的植物。这块迷人的场地拥有令人印象深刻的树木、主题花园（玫瑰、草药、常青树等）、本地景观展示区、一个教学中心、一个自然保护中心、一座图书馆和一家礼品工厂。在这里每个地方都是一本景观艺术和科学的百科全书。

阿尔伯塔大学管理一片180acre（73万 m^2）的自然保护区，德文植物园。大约一半的土地都属于松树和沼泽地保护区。其余都是一系列的景观，其中包括一座日式花园和一座正在修建中的展示中国景观的花园(1999年)。场地管理的费用一部分来自婚宴和旅游的收费，一部分来自礼品工厂的销售额。

犹他州立大学的植物园占用了一块7acre（2.8万 m^2）自给自足的区域，拥有一个游客和教学中心以及多个被玫瑰、常青树、百合环绕的温室，一个小型的植物园和一个本地特色的花园。通过精心布置，一块不大的地方创造出令它的理事长为之骄傲的“幽静的地方”，而且还兼有研究、教学和社区服务的功能。

在佛罗里达中部大学的植物园里主要是一些装饰性植物和本地植物。它是根据校园的地形和自然特征，于1983年建立的。原占地面积为12acre（4.9万m^2），1998年扩建到80acre（32万m^2）。自然环境造就的景观，与附近的储藏室、工程建筑群、停车场和大型人工水库形成鲜明的对照。在植物园里人们可以顺着一条小路往前走，沿途可以依次路过橡树林立的山丘，沙地松树和柏树形成的穹顶。在这狭小的空间内，人们可以在很短的时间内看见生活网络理论的生动见证。这就是生物之间互相依存的状态以及这种状态对生物多样性的影响。这种游览过程不仅可以向那些由专家带领的游客展示结构的巧妙，而且也为那些闲逛的人们提供与自然接触的机会。置身于自然的环境中比任何电子版本都来得生动，虽然这两种经验都各有其教育意义。从它建成的那一天起植物园还能帮助培训物种的收集者，他们已经为学校生物课教学提供600种以上的应认知的本地物种，这对于建立和充实本地草药园功不可没。

在高等教育各个层次的学院中，有关植物生存的研究与教育、培训和娱乐相结合的成果随处可见。“通过实践掌握知识”是特拉华瓦利学院（Delaware Valey College）为学员提出的任务。亨利·施米德尔植物园的专门展览室展示着萱草、玉簪、山毛榉、矮小的针叶林、树篱展览园和一座草药园。在这些户外的实验室，一般的和特殊的植物相映成趣，有利地促进了教学和研究。学生中心就设在其中一个展览园里。中心里有一个商店，在那儿人们可以买到有关的书籍、纪念品、小吃以及季节性植物和师生栽种的植物。

达勒姆农业园艺学院（Durham college of Agriculture and Horticulture，英国）在洪大厅（Houghall）外有其管理的植物园。其中包括一系列历史性的植被、一座水景花园、一座植物园和园艺园。传统的构造通常用来教授学生有关园林科学和艺术的知识。实践可以巩固在课堂上讲解的理论，尤其是学生能够亲眼观察高质量的植物园，实地学习知识。桑德希尔斯社区学院（Sandhills Community College，北卡罗来纳）的园林包括一座正式的玫瑰园、格子棚架搭成的区域、树篱以及能让亨利·詹姆斯和伊迪丝·沃顿的眼睛为之一亮的草坪，学校除了帮助学生科学地理解园艺，还培养了维护公共建筑物，尤其是首都建筑物的园艺师，并为此而感到自豪。

先决条件和措施

生命科学、生态科学和保护环境在20世纪如此重要，不发动全民去增加校园植物园和树木园的数量，提高它们的质量，行吗？这种景观可以在随意间或以正规方式增加和丰富与科学的接触，对一些人而言，则有利于进一步参与探索科学方法和规律的工作。无论通过亲身实践来解决问题提高认识，还是激发学习的热情，科学性景观应该属于校园规划的基本组成部分。理想中的校园景观应该能够以迷人的景观吸引人的目光，通过内涵引发人们的情感和灵性，激发人们对园艺工作和效用的兴趣，有助于对自然和区域的了解。基于户外实验室对于从事实验的科学家、学者、研究员以及他们的学生的重要性，其功能在我以上的论述中得到了证明。

在这些方面，史沃茨茅学院（Swarthmore College）的绿化景观比较引人注目。为了强调科学的目标，花园首任董事长，约翰.C.威斯特（John C.Wister）在1930年提倡："学院很少把花园用于教学目的，但它们恰恰是教学中不可或缺的一部分——一座向外不断延伸的植物学和园艺的实验室，以及审美教育的课堂。"到1998年植物园的员工和学院科学研究人员已经挑选、种植和考察了超过5000种

展示科学，令人愉悦的道路和场景——罗马大学

为科研而绿化，将园林与艺术相结合，这是很多重点大学树园景观的传统特色。　R.P.多贝尔摄影

史沃茨茅学院

不同的植物，大多数都是装饰性植物。史沃茨茅成为一座绿色的校园，它的主校园是一座植物园，其间点缀着一个特殊主题花园。人行道两边栽种着橡树和与之毗邻的草坪（草坪从帕利士大厅向下延伸直到车站）构成一道校园景观，绝对是一座里程碑。学院对相邻的格拉姆树林（Grum Woods）进行了整修，整修后的树林在视觉上与费城这一地区的没有整修的树林相互交映。

树木园和植物园需要多少土地？让我们先把学院和大学的企业在面积、人员和资金等方面应承担的责任放在一边。这些量身定制的景观以生物学和自然科学为主题，尤其专门研究本地物种的发展。对于其他因素而言，我们浏览了现有记录和实地调查之后，认为5～7acre（2万～2.8万 m^2）足够一座树园生存了，而3acre（1.2万 m^2）就足够建一座绚丽的植物园和温室。另外，在康涅狄格大学、戴维森学院和霍夫斯特拉大学，整个校园都可被称为一座树木园，1acre（0.4万 m^2）地都可用来设计成一座可操作的花园或植物园。

唐纳德·怀曼（Donald Wyman）在他有前瞻性的文章《如何建立一座树园或植物园》中[《生物记录》（Chronica Botanica），1974年夏]提醒人们："必须仔细对这些地方精心设计，投入足够的资金，进行专业化管理。”怀曼的文章适用于任何机会和条件，当然也适用于校园。首先，最佳的计划来自于协作，来自于共同的努力。这项计划工作应该交由代表各种利益和有丰富经验的委员会来完成。虽然不是特意安排，但怀曼的观察十分贴近校园的生活：“大型的委员会不如小型的工作效率高，但无论如何……应在事先知道委员会所决定的实际场地和制定的设计方案。”

植物园的构想在技术上可能会受场地规模和实际情况的约束。材料的选择与布局要根据科学的原则、天气因素和地形分析。

植物园的构想在技术上可能会受场地规模和实际情况的约束。材料的选择与布局要根据科学的原则、天气因素和地形分析。这些因素需要专业的判断。怀曼又写道：“这一切都应该从景观设计的角度来考虑。在适当的时候做适当的事情，不仅仅可以节省资金而且还可以避免不必要的沮丧。”重要的是充分做好预算前的准备工作，确定资金和每年的项目运营成本。

对于场地的位置，怀曼建议选择“有历史意义的美丽的地方”。我们认为最好是校园中一块未美化过的场地，因为如果改造成功，就能用焕然一新的校园景观代替这块原先无人问津的场地。这种想法与具有传奇色彩的园艺学教授詹姆斯·切斯特·劳尔斯顿（1940～1996年）所倡导的精神和成就不谋而合。1976年，他和他的学生们将北卡罗来拉纳州立大学（罗利）8acre(3.2万m^2)的土地改造成了世界一流的植物园。20年来，收集木本植物达到7000多种，许多都是劳尔斯顿和他学生收集的种子长成的。

印第安纳大学的植物园在规模、位置和整体效果上十分出色。将一座古老的体育馆拆除，理清了空地，种植了一些十分有本地特色的树木。这块绿地的一端接近中心图书馆，透过图书馆的窗户能看到美丽的景观。而另一端则邻近艺术馆。另一面的其中一端与运动场融为一体，还有一端则面向街道。在这条街上有一个入口引导行人进入，通过这片绿地，沿着小路走，可以尽观建筑物的全景，领略汉弗莱.赖斯顿所中意的小桥流水构成的田园风光，欣赏户外娱乐运动、纪念碑和珍奇树木。这一切景观都在中心校园，而不是在外围的场地。

2.18 自然保护区

一些校园在学校附近或是学校内拥有一些有意义的自然资源——用专业术语称，即保护区。杜克大学森林是一块有专门用途的土地，也被纳入了校园规划之中。康奈尔大学的中心校园具有典型的地质构造，一幅可供欣赏的但未开发的三维景观。靠近安蒂奥克学院的格伦 · 埃伦被建成自然资源实验室和娱乐场所。位于加利福尼亚州圣克鲁斯的一些小树林也属于这类。森林环绕不列颠哥伦比亚大学，每一位进入主校园的人都能欣赏到美轮美奂的景观。卡尔顿学院拥有一块未开垦的大草原，虽然其景观十分简陋，但是作为一个生动的文化参观地它却意义非凡。在这个课堂上师生们可以讨论改造的模式或生态环境的伦理问题，从而激发他们的研究兴趣。可以推测许多校园也具有类似功能。

2.19 天然人行道和小道

一些校园主要是通过标明物种、绘制位置图、为步行和参观各种植物提供路线图来实现植物园的教学目的。在德安札学院（De Anza College，加利福尼亚）占地1.5acre（0.6万m^2）的树木园里展示了来自12个州的植物。人们可以从学校网球场后面的一条小路进入园内。

在科克尔学院（Coker College，南卡罗来纳州）占地30acre（12万m^2）的卡尔米尔花园（Kalmia Gardens）的步行路及周围的景观，展示了从潮湿的沼泽地到种有山毛榉的山崖上生长的植物。中间地带是月桂丛和被松树、橡树和冬青覆盖的高地。

在这类校园绿化布景中戴维森学院的景观是独树一帜的。校园里有6000多棵主要的树，树木的种类都被记录在一本手册里以便识别。漫步在中心校区中数条精心布局的小路可以欣赏到这些树木。在手册里这些令人大开眼界的标签包括树木的拉丁名和俗名、耐旱的范围和成熟后的高度。在这些收集品中有五种特殊的树木，一度在北美洲灭绝了，后来在亚洲发现了它们的踪迹，又将它们带回美国，栽种在植物园里。一个词似乎特别适合校园：Koelreutria paniculata（复羽叶栾树），在中国传统上用来比喻学者的坟墓。

2.20 艺术花园

因为认识到校园应该体现某种艺术风格，所以艺术花园成为一个专门景观类别。这样的景观通常是在规则或不规则的布局中矗立着一座雕塑。当然景观本身就是一种艺术形式。迷人的景观是艺术性的创作。古老的校园里，装饰着浮雕的建筑物与按几何图形布局的景观融为一体，是经典传统的最佳范例。而威斯康星大学（麦迪逊）的学生会小区的艺术造诣却是无人企及的。亨利·穆尔有关“雕塑是属于露天空地中一种艺术形式”的观点颇有预见性，而且与我们有关景观的论述息息相关。他创造的大人物的铸铜像伫立在布朗大学的绿地上。

威斯康星大学

艺术与景观——韦恩州立大学

雕像、景观与建筑物和场地情景交融，构成一幅完美的画面。 韦恩州立大学提供

前提：绝大多数的校园景观都会得益于设置在空地上的单个艺术品组合效果。这些艺术品或是可以娱乐大众，或向人们传达某种信息，或指示人们的目光，或是突出某一空间布局。第212～217页所示的范例都具备以上功能。其中包括纪念学校管理者们的纪念碑，俄亥俄州立大学里旨在指示数学大楼位置的一些数字形状的雕像、圣迭戈的加利福尼亚大学图书馆前的草坪上有纪念意义的书形雕像、韦恩州立大学（Wayne State University)正规正矩的庭院里点缀的一座雕像、基能学院（Keynon College）的舞者雕像和得克萨斯科技大学（Texas Tech University）的威尔·罗杰斯的雕像向人们展示了雕像如何将平凡的绿地变成趣味盎然的景观。一些设计方案将整个校园或校园的某一部分设计成雕塑花园。

艾奥瓦州立大学里的雷曼花园（Reiman Gardens）和斯坦福大

基能学院

公共事务办公室摄影

学的新几内亚雕塑花园在规模上都很合理。前者是接近艾奥瓦入口的占地14acre(5.7万m^2)的多功能的园艺展览区。其中包括潘克哈斯钟楼花园(Penkhus Campanile Garden)和在一片花丛中伫立着类似号

草坪和雕像——得克萨斯科技大学

草坪上的雕像为一块平平常常的绿地增添了勃勃生机。 作者收藏

角形状的雕像。这座新建的雕像会定时发出悦耳的音乐，为花园里的活动提供音乐背景。

斯坦福的场地有一片橡树林和雪松林，1994年这里成了一群新几内亚雕刻师和当地景观建筑师的聚集地，人们在这里将跨文化设计概念化并将其付之实践——“这在西方传统的展览馆是不可能实现的”。与科学性花园一样，教育是无法回避的主题。赞助商写道：“通过在先进的硅谷校区里创造南太平洋本地的艺术，他们互相协作，具体地表达艺术，这种表达形式在视觉上挑战有关艺术、艺术品的狭隘的定义，真实性、虚假性的定义，以及经常冲击非西方艺术家的尚古主义。”

斯坦福项目的这一主题——“挑战传统”——也适用于概念化艺术品。花园艺术和其他元素的融合赋予“混合的媒体”新的意义。习以为常和出乎意料是相互对立的，但校园应该欢迎相互对立的观点。因为学校就是讨论、分析和宣传不同观点的地方，这也是高等教育的一项任务。将校区花园当做一件艺术品向新的方向发展已逐渐成为可能。圣迭戈的加利福尼亚大学中心图书馆拥有环绕式的景观，展示了建筑物，雕像和植被如何冲破传统的模式，融为一体，创造一种强烈的方位感。

毗邻校园艺术馆和视觉艺术中心的雕塑花园在设计手法并不前卫，但总体效果却很引人瞩目。植物学家派学生去植物园考查树干，研究艺术历史的教授则派他的学生去观赏这些雕塑。在这些范例中，位于洛杉矶的加利福尼亚大学里的弗兰克林 · D.墨菲雕像花园是最佳代表。是由景观建筑师拉尔夫.康奈尔设计的，康奈尔有着“赋予大自然美的人”的美誉。在花园里，他用连绵起伏、昂贵的景观代替了布满灰尘的停车场。花园里没有长椅，但铜铸的雕塑及其基座都可以随意蹲坐。校园花园占地 5acre(2 万 m^2)，各项标准都是无以媲美的，在这里，从亚历山大 · 阿尔奇片科（Alexander Archipenko）到威廉.佐拉奇（William Zorach）等伟大艺术家的 60 多件艺术品的仿造品使这一立体景观杰作容颜焕发，生机勃勃。

俄亥俄州立大学

加利福尼亚大学圣迭戈分校

俄亥俄州立大学数学大楼入口处的数字形雕塑和位于圣迭戈的加利福尼亚大学图书馆前倾斜的草坪上的书形雕塑，运用诙谐的当代艺术品作为地区的标识物。　R. P. 多贝尔摄影

内布拉斯加大学里的谢尔登雕塑花园用于不同的功能。树林、草坪和雕塑的布局都在记录和反映本世纪美国最优秀的艺术——以及它们的命运（如果人们想增加这一点的话）。具有讽刺意义的是，

墨菲和谢尔登花园里有一些来自被摧毁的路易斯.沙利文（Louis Sullivan)大楼的雕塑品，表达了对环境保护伦理的关注。内布拉斯加花园位于谢尔登艺术馆（菲利浦·约翰逊，1963年设计）和历史建筑大楼之间。它是七座美化城内校园花园之一。这七座花园每座都

犹他州的威斯敏斯特学院

有一些特别的收集品，有效地利用建筑物周围的环境为审美和教学服务。这些花园的建立是对顾问约翰·奥姆斯比·西蒙德的建议的最佳响应。对林肯花园的设计，他曾说“人们不是在设计某些地方、某些空间或某些事物，而是在设计一种经历”。

如果整个校园能够发展成为一座服务于科学研究的植物园，那么整个校园能被设计成一座大型的雕塑花园吗？位于大陆两端的范例（马萨诸塞大学、波士顿大学和西华盛顿大学）可以证明这一目标可以实现，而且能够创造轻松愉悦、典雅宜人的效果。为了将这一美学理想付诸实践，需要稳定的政策、全校的努力，还要有充沛的精力和坚韧的毅力，因为有时遭受的压力不亚于打一整场篮球。

范例：位于贝灵汉（(Bellingham）的西华盛顿大学。从1957年开始学校的管理者就将0.5%的建筑预算拨给了艺术创造。加之一些致力于当代艺术品的捐赠者的捐款，西华盛顿大学拥有了遍及校园的各式各样的令人仰慕的纪念性雕塑。从风景如画的校园可以俯瞰

古典和现代的融合——俄克拉何马大学

在威斯敏斯特学院里，现代景观（广场的喷泉）是建在本校古典标志性建筑物前的庭园里的，还有一片四边种着树的绿地。在俄克拉何马大学里现代建筑位于古典的封闭式庭院中，还有为了纪念现代工程的产生而建的一座复古式喷泉。 R.P.多贝尔摄影

皮吉特海峡（Puget Sound），校园里点缀着雕塑，很多都是反传统主义的作品。如果你细细观察这其中的一些，会发现它们十分可爱逗人。与校园音乐厅毗邻的购物广场上伫立着一座40ft(12m)高的雕塑，是大师马克·迪·苏沃洛（Mark di Suvero）创作的抽象派艺术品，名为“赠给汉德尔”。当劳埃德·哈姆罗尔（Lloyd Hamrol）创作的显得有一些凌乱的“木材堆”刚落成时，大家都很困惑。现在人们明白了这是以塑像表现本地木材产业的状况。罗伯特·莫里斯以极少主义风格设计的雕塑虚幻缥缈，会随着天气、风向和温度而改变形状。然而，虽然一切都很美好，但是如果你希望西华盛顿大学的校园景观和洛杉矶加利福尼亚大学的墨菲花园一样形成整体外观，就会大失所望了。有些人争论这是一种普洛普式的艺术。但几乎没有人会否认贝灵汉场地的视觉效果是价值四颗星的景观的杰作。

毗邻校园艺术馆和视觉艺术中心的雕塑花园在设计手法上并不前卫，但总体效果却很引人瞩目。植物学家派学生去植物园考察树干，研究艺术历史的教授则派他的学生去观赏这些雕塑。

我们继续介绍一些拥有值得观赏的艺术性景观的校园。俄克拉何马大学的收集品包括向美国原著印第安人表示敬意的严肃的纪念雕塑、一些有影响力的校长和教务长的雕像以及缅怀妇女对早期开拓所做贡献的纪念像。最后一座雕塑是表现当地的一个传说故事，牧羊人和羊羔的雕塑位于一座有着舒适长椅和优美环境的小花园中，在这偌大的校园里，算是比较清新可人的设计方案了。这些雕塑对场地历史的贡献属景观分类的范畴，待以后再讨论。

2.21 圆形剧场

▶ 首先要铭记在心的部分就是设计两个紧密相联的空间：舞台和礼堂。这两者之间应该保持一定的坡度。舞台的坡度应该保持很小（每十二排倾斜一排就够了）；而礼堂的坡度就应该稍大些，但不能太大，使人坐得不舒服。如果天然地形就很陡，最好是稍微建一些台阶，既改善了它的坡度，又可以较好地观赏舞台演出。[霍勒斯·布普《露天剧院的魅力》（《花园与乡村》，1937年秋）]

▶ 花园式剧场本身不应该吸引人们不必要的关注，而应该为戏剧、音乐剧或因它而设计的场面壮观的表演，提供理想的、不刺耳、舒服的听觉效果和便利的视觉效果。[文伯特·D. 泰勒，《花园式剧场的纪录》（《景观建筑》1939年秋）]

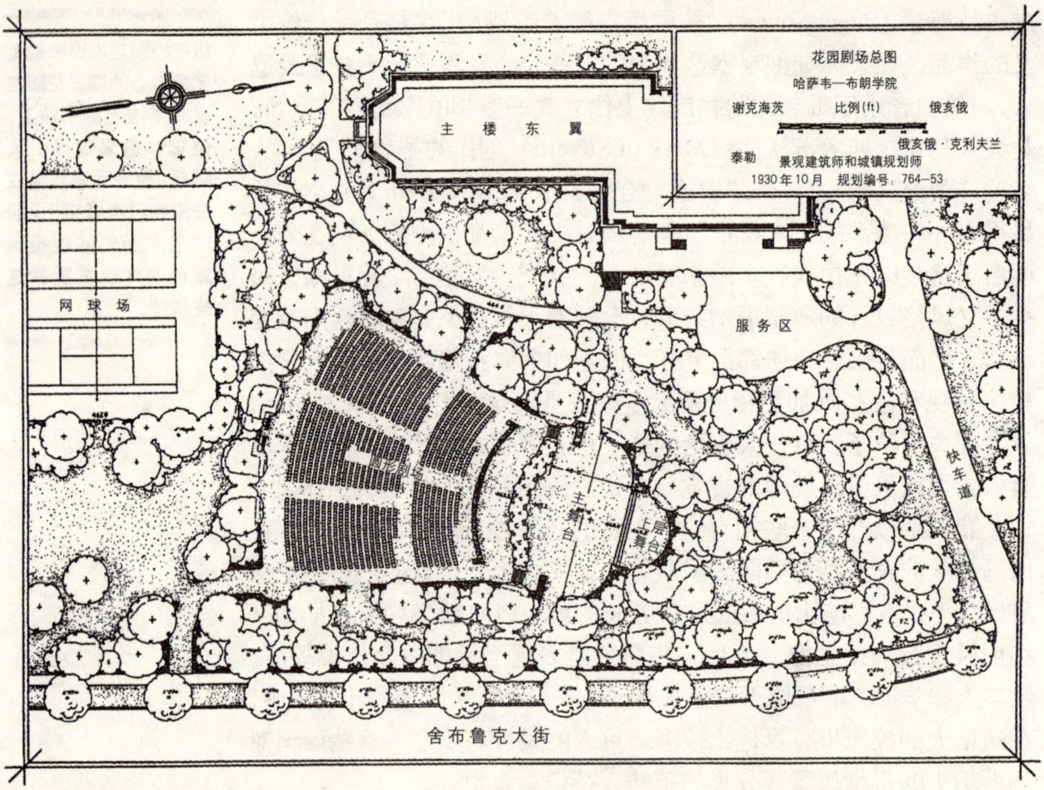

圆形剧场——艾伯特·D. 泰勒的作品

一所有舞台布景的学校。艾伯特·D.泰勒为一所学校设计的花园剧场表明，作为一种景观元素，剧场应该在很多学校里受到欢迎。(见第91页贝茨学院现代的设计)　　作者收藏

户外剧场不论从历史角度还是从建筑的角度而言，都是非常有意思的景观构成。组成古希腊、古罗马和文艺复兴时代的经典范例都是顶级艺术天才们携手完成的具有最高艺术价值的艺术品。事实上，就算它们只留下了大概的轮廓，在一些介绍早期文化的精华的书籍里也经常用它们做为范本。按学院派的版本的描述——“圆形剧场”这个词——是为一些仪式如毕业典礼、户外运动、大型演出及歌剧、音乐演出提供看座。

大多数校园的圆形剧场在形式和特色上都比较适中，大都是在天然斜坡或是较深盆地里建造一些台阶形成的，为了忠实于古老的传统，采取了比较简洁的模式，如史沃茨茅学院只是用一条绿化带和绿化小路环绕圆形剧场，这些绿化带令人进出时有一种愉悦欢快的心情。一个实用的剧场需要30ft^2 (2.8m^2)的面积才能使每个观众有座位，这些面积包括舞台、外围和服务区域，乐队或相对应区域，

座位、走廊和入口、出口。用图解的方式分析，设计图大概成倾斜的长方形，长是宽的两倍。座位朝北，这样，无论是观众还是在舞台上的演员都不会被落日晃眼。对于位置而言，应该考虑对残疾人停车、水源和排水系统及应急灯光的供电系统的就近原则。茂盛封闭式的绿地有助于阻隔不必要的噪声，而且还能为整个场面增加质感和色彩。

主题花园是校园景观表达本地文化的最佳典范，特别是可以抵制全球景观流行趋势所引起的平淡乏味。流行的风格作为时尚，似乎很吸引人，但缺乏实质的精神。

2.22 主题花园

莎士比亚激发了创造学院花园艺术的灵感:“花园里报春和随风摇曳的紫罗兰快乐地成长。”瓦瑟学院和西北大学都有绿化区域，在那里植被的选择与巴德有参考价值的文章有关，在这两所大学里，延斯·延森（Jens Jensen）在埃文斯顿所创作的作品由于众多原因而成为典范。面积:长120ft(37m)，宽70ft(21m)。他的作品属于景观中的一种，这种设计向人们展示了有限的面积并不妨碍在差强人意的地形上设计和修建一座大师级的花园。在外观上，他用两层山楂树围起了一块绿地，绿地两边是种满植物和灌木的小道。这种植物和灌木都是经过延森精心挑选的适合伊利诺伊北部的物种。身兼园艺师、树苗保养员及花园的看门人数职，延森掌握了园艺的全套技术。西北大学因其春天似的装扮而光彩照人，即使在植物凋零的季节里依旧靓丽迷人，而这种季节也是许多学校绿色匮乏的时候。

再回到内布拉斯加大学，卡瑟花园是为了纪念学校最杰出的学生威拉·卡瑟（Willa Cather）而修建的。在一篇获普利策奖的文章里，她描述了本地区的美丽风景作为她本地化小说的背景。她的文章反映了早期开拓者遭遇到自然的野蛮及继之而来的粗糙、桀骜不驯时所经历的恐惧和颤栗，以及当他们感受到大自然的美丽时所萌发的敬意。在秋天，花园里的布告会提醒游客去观赏当太阳的光芒变幻成蓝色的火焰时的壮观景像，这与卡瑟在文中“火焰般的草地使草原通红一片，犹如浸在红葡萄酒中一样”的描述相得益彰。

作为有文学意义的纪念物，卡瑟花园主要栽种的是美国西部乡村植物。大片的本地草坪、野花、灌木丛和棉木树，频频向她的一生表示敬意，同时也再现了她小说中的场面。令人大开眼界的布告栏提醒游客，当17世纪大片草原被开垦用来种玉米、小麦和其他谷类植物之后，我们丢弃了什么。这里已经没有了土著人用于食物、药物和家庭用途的植物——这是花园里永远无法弥补的损失。从积极的角度来看，管理者指出这类植物群是能恢复的，而且能在内布拉斯加土壤里健康地生长，还可以挡住建筑物之间怒号的狂风。

我们收集的档案中还有一张1908年林肯寄来的风景明信片。内布拉斯加大学图书馆周围景色秀丽，其中有些植物是作为某一植物品种而栽种的。卡瑟当初很可能会喜欢这里的风景。今天，靠近图书馆的是马克斯韦尔植物园，一块为大学图书馆设置的5acre（2万m^2）的景观，还是7种特殊植物（栎树、玉簪属植物、荚蓮属植物、丁香花、杜鹃花、草原类草和多年生植物）的试验田。这显示了内布拉斯加如何运用植被保持和美化斜坡上的土壤。G.马克斯韦尔伯爵（Earl G. Maxwell，1864～1966年）亲手栽种的大树排列在小溪沿岸，溪水潺潺流经植物园，这个植物园就是以他的名字命名的。如果说卡瑟是为内布拉斯加遗失了的景观而吟诵的诗人，那么马克斯韦尔就是新景观的创造者。作为本地区的林务员，据说他向牧场和农场分发了2000万棵树。他最喜爱的栎树的模糊轮廓出现在学校的校标上。以特殊的地方意识，融合本地的传奇色彩、浪漫情怀和实用主义精神，加上精心挑选的树种，一座座花园布满校园，内布拉斯加可以自豪地宣称他们的校园景观设计策略堪称楷模。

关于疗效性主题花园，现在介绍两类服务于这种功能的花园，尽管它们在形式、特征、位置和风格上可能不尽相同。位于普林斯顿大学的麦考科什医疗花园（McCosh Infirmary Garden）玲珑小巧，四面的围墙上挂满了常春藤。它能为病人和医务人员提供幽静的环境。根据精神病专家科学的论证，植物有利于病人恢复健康。为此，斯坦福大学露西尔. 帕尔德（Lucile Packard）儿童医院在屋顶上建起了景观，为病人和工作人员服务。位于华盛顿大学的中草药园也是出于健康的目的兴建的。有趣的是，它只是新建的大型化学楼的陪衬物。但对于各种层次的草药学者、医药学者和生物专家，它都是有用的资源。园里的美丽的景观及其实用价值，都使人想起了早期的修道院大学。园内的警示板，提醒那些摘取样本的游客，必须“向资深的健康专家咨询如何用药”。园子并不为自用药提供指南。

主题花园是校园景观表达本地文化的最佳典范，特别是可以抵制全球景观流行趋势所引起的平淡乏味。流行的风格作为时尚，似乎很吸引人，但缺乏实质的精神。所以我们建议对它们进行维护和保存，以鼓励更多佳作的出现。景观建筑师威廉.H.蒂施勒在他的笔记中写道：“他们为那些曾经为人类历史的不断发展做出贡献的人物、事件、地方和艺术品提供了场地，并使之流传。这对于历史的延续是非常重要的”（《景观规划》第9卷，1982年）。接下来要介绍克莱姆森大学的主题花园，将其作为介绍另一种特别的校园景观的发展和扩建的例子。这种景观，我们称之为“历史性场地”。

2.23 历史性场地

欣赏和感受精心培育的景观和古代自然景观的差异是一种令人振奋的审美和受教育的体验。所有校园都应该寻找、保留和展示他们的创建者创建之地的某一方面。

前提：每座校园都有自然历史和文化历史。通过校园景观来识别、改造和诠释历史是校园设计的目标之一，而这一目标是值得鼓励的。将克莱姆森大学作为历史性场地的例子，我们还将介绍如何在不利的环境中创建新的景观，论述具体场地的景观与教育之间的联系，以及如何根据场地历史确定景观的主题。

克莱姆森作为一所科技大学建于1889年，创建者捐赠了植被、一座农场和一片森林。起初的44acre（18万m^2）植物园变成了占地278acre（113万m^2）的远近闻名的南卡罗来纳植物园，最初的土地

霍尔登教堂——哈佛大学

纪念性的圆柱——威斯敏斯特学院，密苏里

整体及局部的历史性的场地：霍尔登教堂（Holden Chapel）最初修建的目的是用于祈祷，后来改建成为化学大楼，最近又成为了学院唱诗班的总部。在哈佛校园里这一景观主要用来引发人们对过去历史的回忆。1853年建成的威斯敏斯特圆柱毁于1909年的火灾。

来自于开垦一些边缘区域，其中包括一个废弃的垃圾堆。现今，克莱姆森景观中有18处专门园艺区，都是以他的赞助商、著名教授的名字命名的，或是以园艺区独一无二的功能命名的。医疗性园林，向人们展示了如何为身体有病的人设计景观。布拉耶（自然景观）小径是为视觉有障碍的人修建的。伯尼斯·道根斯·莱克尔（Bernice Dodgens Lark）花圃的部分修建资金来自园艺界。它是一块野花试种区，另一块地主要用于提高适用于干旱地区的园艺技术。

景观专业的学生把克莱姆森花园当做设计的项目，利用上土地考察课的农业机械化专业的学生所准备的地形图进行设计。艺术专业的学生在各种各样景观触发的灵感的指导下，练习风景画和雕塑。昆虫学专业的学生收集昆虫，生物学专业的学生收集水产植物的标本和植物的物种。而林木专业的学生了解树木的分类。

在克莱姆森，古老的建筑物和景观的融合无以伦比。在这儿，以三维表现形式展现历史的方式，消除了一些人有关校园设计趋同的忧虑。在学校的努力下，挽救了汉诺威古屋（1716年）并在1941年将其移入主校区，后来又移入了植物园，因为那里复制了它初建时的农村景观（一座法国新教农场）。开拓者住的棚子、一座谷物磨坊和农具都布置在克莱姆森的开拓者花园里，花园附近的小片地上种满最早的开拓者栽种的草药、花朵和蔬菜。

其他学院和大学可能不会去考虑用一些濒临拆毁或损坏的社区建筑物，或相关的结构和艺术品来美化他们的园地吧？随着真实感在21世纪网络世界中逐渐消失，一座校园的景观应该包括一些古老的房屋和花园。这座校园将是开办研讨会的最佳地点，或许也可能是教授、艺术家和其他关注保存和诠释记录古老年代的三维景观的人的办公室。

位于加利福尼亚州的皇家谷地学院里的历史性场地就与这一想法相关，而且表明在其他地方也有可能建造这样的景观。本地区最古老的火车站被移入了这座校园，成了一座艺术画廊。在场地里布置了本地的植被，展示了古老的农具，一段木板制的铁路可以穿越加州沙漠，将农场的谷物运到终点。维多利亚街灯是从商业街的翻修中挽救下来的。在北俄克拉何马州立大学主教学楼的入口可看到一个为了同样目的，在小型场地上竖起的类似农具的雕塑，旨在用三维的表现形式纪念学院建校时的任务（训练农场主和农场工人），

历史性场地／三级景观——北俄克拉何马州立大学

机械、人工制品和植被集中于一处三级景观，展示着地区的历史和大学创立的缘由。R.P.多贝尔摄影

环形的日冕台——迈阿密大学，俄亥俄

将雕塑和场地历史融入了一件有纪念意义的艺术品中，这件艺术品是为了庆祝校园联谊会成立50周年而修建的。 L.J.多贝尔摄影

而那些栽种在场地内的各种各样的植物则提示人们本地的自然特征。

对自然保护区、自然小径的保护和诠释及对古老的校园建筑物的改修，这些都是大型历史性场地的极好的典范。小规模的设计理念也可以表现历史性场地，以下是我们介绍的一些相关的范例：

保罗.罗伯逊的雕像——中央州立大学，俄亥俄

历史和文化的联系在这第三空间和作为景观的墙壁上得到了体现。 R.P.多贝尔摄影

巴斯科姆城堡的断壁——西得克萨斯农业和机械大学

一段见证本地历史的残垣断壁被挽救下来，移入了校园，作为服务性车道的月台。 R.P.多贝尔摄影

①屹立在威斯敏斯特学院（密苏里）和华盛顿大学里草地上的经典的圆柱（两者都是悲剧性的火灾留下的废墟）；②俄亥俄州迈阿密大学的环形的日冕台（为庆祝本地的一个联谊会成立50周年）；③新墨西哥高地大学的校友花园和音乐厅（主要表现一个世纪以来所取得的学术成就）；④俄亥俄州的中央州立大学（Central State University）的保罗 · 罗伯逊的雕像（强调文化的传承）；⑤英国兰开斯特大学里将古罗马的城墙融入了校园的景观中；⑥西得克萨斯农业与机械大学将一段断壁从附近废弃的巴斯科姆城堡（Fort Bascom，1863～1870年间使用）移入校园，作为校园服务性车道的一道屏风。

在剑桥大学，城镇的居民和大学里的人携手保护和展示科沼泽（Coe Fen）。提示性的布告栏描述了沼泽地的历史以及如何将它们改造成为学院的壮丽景观。人们可以从中穿过，亲自体验湿软的土地，欣赏排水道，然后往前走到校园的末端。欣赏和感受精心培育的景观和古代自然景观的差异是一种令人振奋的审美和受教育的体验。所有的校园都应该寻找、保留和展示他们的创建者创建之地的某一方面。

长曲棍球场

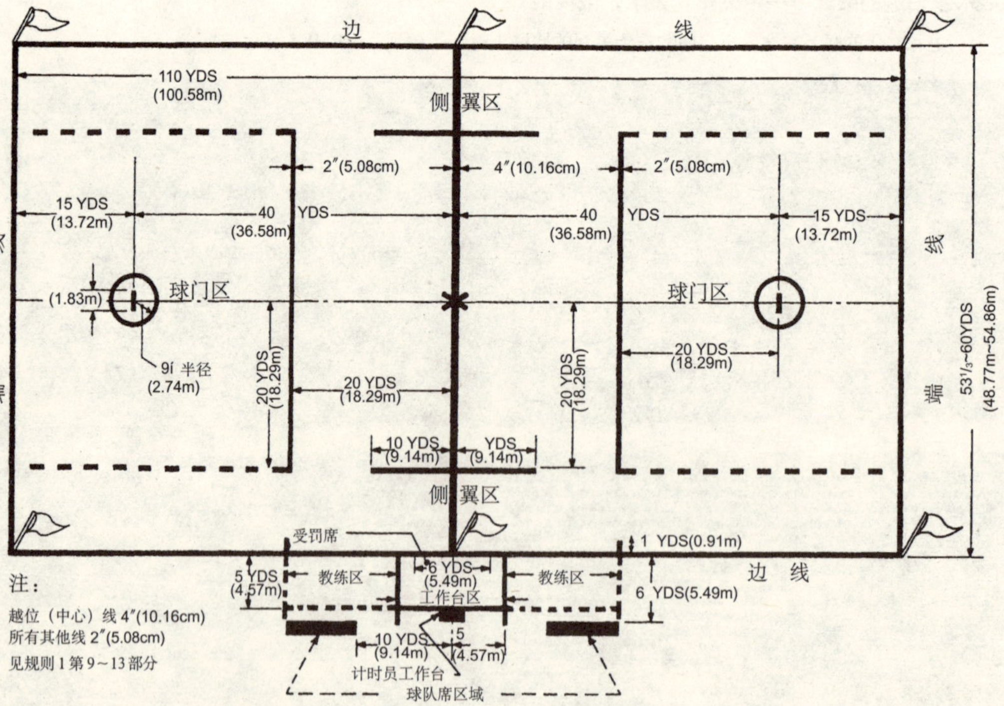

游戏规则——标准的运动场地

可利用的土地决定运动场的数量，运动规则决定其面积和规格。 作者收藏

紧凑的场地格局 / 多功能——伍斯特州立大学(Worcester State College)，1999 年

有限的土地和多重的需求造就了全天开放的多功能的运动场，这个运动场计划每天开放 18 个小时。R. P. 多贝尔摄影

2.24 运动场和娱乐场所

有关学校的运动场及相关的娱乐场所的介绍，足足可以写满一本书，在这里我们只用几段话来简单描述一下。参与团队活动和其他课外活动的教育意义是毋庸置疑的。就校园景观而言，对功能性目标（促进身心健康）的反应措施差别很大。可利用土地（城市大学与郊外大学）的面积会导致布局的紧凑或宽松。运动的时间和地点以及参与运动的人数显然都是影响设计的因素，所要提供的运动形式和学校是否参与观赏性的运动也会对设计产生影响。后几项可能反映的是本地文化的前景，这其中一些是从本地传统引发的（校友返校和校际竞赛等活动），气候也可能会影响这些设施的设计（合适的地点可以延长季节性运动的时间）。最近几年对将来有影响的法律（如第四条）和社会的变化使更多女性参加到体育运动之中。各地的学生和教职员工也兴起了一股健身热。

最近几年温斯罗普大学（Winthrop University，南卡罗来纳）的发展反映了人们的需求及发展趋势。在19世纪后期，学生帮助经营学校的农场，为学校食堂提供农产品。在过去的10年间，324acre（131万m^2）的土地和牧场被改建成了一片校园景观，包括七个运动场，一个兼有娱乐功能的湖和一条跨区的跑道。许多大型的体育馆和相当数量的户外运动场建立起来以满足大约200所参与高水平体育运动的学院的需要。其他的学院也具备标准的户外运动设施，包括适合踢足球的草皮、曲棍球场、橄榄球场、长曲棍球场和垒球场。通常还需要网球场、户外篮球场、用于田径运动的跑道，有时还要有一片高尔夫球场。通常根据比赛标准设定运动场的规模。在不用于团队运动时，这些场地用于休闲活动。有时，为了延长使用周期，用人工草皮代替天然草皮。

我们主要想说明，虽然大多数的运动场和娱乐场所都是吸引人的绿色空间，但人们还未认识到其作为校园景观的全部潜力，对运动场的边缘场地、用来坐着观看比赛的区域，或是对周围其他地区进行设计都是颇有远见的做法。运动场必定会吸引很多观众，所以

可以散步的地方——北卡罗来纳夏洛特机场

这些理念和技巧都可用于学校室内景观。 R. P. 多贝尔摄影

利用机会对停车区进行景观设计，用秀丽的风景取代那些在校园这些地区常见的令人乏味的沥青路。

2.25 室内景观

我们认为人们现在对在校园建筑物里设置景观空间越来越有兴趣。这类空间给予人们更多的机会参与校园活动。在按时召开的会议前后，人们有了随意聚会的地方，可以继续讨论课堂和实验室的课题，还可以增加空间和视觉上的立体感，使学校普通的建筑物更人性化。如今的技术完全可以构建价格适中的大面积空地、安装节能的建筑系统、设计出奇妙的景观。园丁博物馆（波士顿）、福特基金会（纽约）和夏洛特机场（北卡罗来纳）最迷人的景观交融于大厦中厅，美轮美奂，这一学院派理念是十分有前瞻性的。设计师一般喜欢采用对比强烈的大手笔，但一些稳健风格也颇受欢迎，尤其在冬天的北部地区。有趣的是，在这种情况下，专家们采用的植物都来自热带地区。

佩滕吉尔大厅，1999年——贝茨大学

这是由SBRA建筑师事务所设计的，代表了21世纪学院派室内景观特色。 R. P. 多贝尔摄影室内景观主要包括大大小小的树木、植被、绿藤和垂挂的植物。在规模、质地和颜色上可以有很大的差异。如同户外景观一样，可以选择有当地特色的植物，可以用植物做标识物或用于装扮节日和季节。根据植物的目标高度和宽度来选择植物是至关重要的一件工作。因为不像户外场地有空间容纳植物的延展，室内的空间十分有限。由于空间的有限而导致绿色植物的弯曲甚至变形，在园艺领域等同于犯罪。摆放在通风口和靠近暖气设备与空调的植物大多不能存活。不应将悬挂类植物种植在学生够得着的位置上，因为挂在这样的位置上，学生们总想测试他们的灵活性和植物的结实程度。还是那句老话，位置、位置、位置，这是一个令人倾心而又保险的种植计划的关键。

适当的灯光和气温的控制对景观十分重要。灯光的要求（密度、耐用性和光照的强度）一般根据所选择的植被而变化，为了适应季节和昼夜的变化以及植物的生长，需要将日光和一些人工灯具共同使用。天气的控制原则包括温度、相对湿度和空气质量。可行性原则还要求训练有素的维护，尤其是修剪树枝，这一技巧本身就是维护校园景观的一门艺术。专家们（如美国景观联合承包人）建议用人工浇水而不是使用自动化系统。因为人工浇水时园艺工作者可以发现和消灭昆虫，还能清理垃圾。后者需要阀门、水管和计量表，太容易被弄坏。

标识物和土地的使用

协调运用标识物、灯光、场地用具（包括座位）可以进一步发展由景观的宗旨（场地的认知感）、目标（理想的方向）和质地（强化细微处）构成的全面的设计理念。

2.26 景观元素

配套的标识系统可用于标明位置、指明交通方向、表示对参观者的欢迎以及显示场地占用情况，其作用是十分重要的。作为一种图示艺术，标识系统可以使平凡的景观产生很强的美学效果。一套合适的标识系统遍及校园各处，从校园的周边到每间办公室的门上。获奖的标识物应具备最基本的条件，如标识物的大小、形状、颜色、排版，有时还有校园的象征物或相关的形象。标识物的大小和位置要根据项目中所规划的间距来确定。首先要明确以何种速度（步行或驾车）来观察标识物。标识上的字体可以显示出学校的价值观，如使用代表新潮的Helvetica 字体，还是用传统的加拉蒙字体

作为艺术品的校园灯光——加利福尼亚大学伯克利分校

在商学院的哈斯分院（Haas School）中可以发现恰当的灯光设计基本情况：窗户射出柔和灯光，墙龛里地灯闪烁，柱灯矗立在林间草丛。学校里随处可见复古式的锥形灯炷，例如图书馆外的坡地上。这些灯饰进一步标明了每一地点的功能和特色。　R. P. 多贝尔摄影

校园灯光有很多种功能：营造安全的环境，在拂晓、黄昏及光线昏暗的时候照明，照亮步行标识，装饰建筑物、绿地和其他景观。

(Garamond)。有时，标准化系统可能还存在着特例，如一座历史性建筑物上或里面的标识，或是用于标识特殊区域、警示或方向的图示。

2.27 灯光

灯光本身就是一种景观艺术。灯光的戏剧性的效果能将最过时最平凡的景观变幻得奇妙无比。校园灯光有很多种功能：营造安全的环境，在拂晓、黄昏及光线昏暗的时候照明，照亮步行标识，装饰建筑物、绿地和其他景观。

正如设计者能根据功能的重要程度，设计、协调、安排校园大道和小路，灯光系统也一样。选择固定装置、灯光密度、灯罩和颜色，用不同的标识指示人们按要求规范行为，如禁止通行、危险、入口、欢迎、停留、使用等。良好的灯饰可以产生一种美的情调，有助于将建筑物和景观很好地融为一体成为标识性校园设计。选择和定位不当的灯饰会让人感到不舒适，如同在心里投下阴影，或使校园气氛压抑、窒息。

在上一段文字中所用的"协调"是十分有必要的。灯具就像一组交响乐器，各具特色，所以就有了聚光灯、侧光灯、上空灯和地下灯、井边和墙上镶嵌的灯、特定的灯和香子兰形状的街灯。精心选择每一组灯以达到预期的效果，当然所有灯饰要协调搭配才是最理想的。选择合适的支架、灯柱和其他装置，这些是可以重复使用的，以使学校的道路更易辨认，同时还可以用来标明校园区域的界限。如果有可能，应保持设计上的一致性，使校园不至于成为各种灯饰风格和材料的展销区。

2.28 场地用具

场地用具包括凉亭、眺台、烟灰缸、垃圾箱、旗杆、邮筒、户外电话亭和座位(最后一个用具将在下一节讨论)。再次强调要选择合适的位置,因为合适的位置可以创造功能性较强而又迷人的场景。在这样的场景中每一个物体都能有恰当的位置。如果随意摆放，就会给人留下学院对环境漠不关心的印象。这是完全没有必要的，因为这项工作十分简单，只需制定和实施用具的采购和设置计划。这项工作应该由校园福利委员会来完成。这个委员会可以代表校园各部门，主要负责制定校园规划目标和推动目标的实现，这其中也包括校园景观的规划。

2.29 座位

在所有的用具中，我们认为户外座椅最为重要，我们以前曾就这一问题讨论过几次，认为座位是花园里、道路边及建筑物入口处

配套的场地用具——肯塔基大学，1999 年

配套的场地用具可以增强景观的功能。 R. P.多贝尔摄影

的一件重要的用具。正如消费价格指数能衡量国家的经济状况一样，校园参与指数也可以用以衡量校园生活的生动程度。我们认为学校参与指数的一个方面就是指在露天的场地里，有多少座位可供人们休息、思考或是与他人交流思想。同一时期能满足约20%人的户外座位情况，就算达到校园参与指数的合格标准了。

就具体的位置、座位的形状和形成的气氛而言，只要有创意，就没有特别的限制。单个的椅子可以放在树下或靠着墙边，一组椅子可以环绕喷泉或沿小路放置，有些还可以放在花园里，或放在历史性绿地（以前介绍过）的外围地上。如果校园景观的美学体验开始于周围的环境，那么让人们坐那儿就能欣赏到校园景观的旖旎壮美或清新朴实，就是我们景观设计分类研究最圆满的结局了。

图书馆外的景观——北海兰兹大学（Northerh Highlands University）

主题的变化：场地用具、灯饰、旗帜、凉亭、校长的雕像和有悠久历史的树木——出色的校园景观的总体效果。R. P. 多贝尔摄影

标识物的景观——派克斯皮克社区学院(Pike's Peak Community College)

顺斜坡而建的现代化建筑物坐落在适应各种天气的庭院里，植被和石墙用以引发人们对本地自然景观的回忆，石墙还给在校园生活的人们提供了舒适的座位。

R. P.多贝尔摄影